智能电能表与居家用电

ZHINENG DIANNENGBIAO YU JUJIA YONGDIAN

宗建华　编著
张佳音　绘图

中国电力出版社
CHINA ELECTRIC POWER PRESS

内 容 提 要

电能表是电力公司和用户之间的天然纽带。本书通过普及智能电能表的相关知识，增进读者对智能电能表的工作机理、功能特点、产品质量的监督与控制、用电常识等的了解；同时针对社会上出现频度较高的舆情，用通俗易懂的科学原理进行分析，正面回应社会舆情的认识误区，消除读者的疑惑。

本书是国内第一本面向居民用户的智能电能表科普图书。通过故事场景和人物对话，融合图片、视频，让用户在轻松的氛围中了解、熟悉、掌握身边出现的新生事物，享用来自于电力的贴身服务。

本书可供初中及以上文化水平的国内居民阅读使用，也可供基层电力营销、95598网站、电力客服中心管理者和工作人员等参考，电能表生产制造企业的员工以及从事电能表产品质量检验监督的人员也可从中获益。

图书在版编目（CIP）数据

智能电能表与居家用电 / 宗建华编著. — 北京 : 中国电力出版社，2019.1
ISBN 978-7-5198-2687-1

Ⅰ. ①智… Ⅱ. ①宗… Ⅲ. ①智能电度表－普及读物②用电管理－普及读物
Ⅳ. ① TU933.49-49 ② TM92-49

中国版本图书馆CIP数据核字（2018）第280947号

出版发行：中国电力出版社
地　　址：北京市东城区北京站西街19号（邮政编码100005）
网　　址：http://www.cepp.sgcc.com.cn
责任编辑：崔素媛（010-63412392）
责任校对：黄　蓓　闫秀英
责任印制：杨晓东

印　　刷：北京博图彩色印刷有限公司
版　　次：2019年1月第1版
印　　次：2019年1月北京第1次印刷
开　　本：710mm×980mm　16开本
印　　张：6.25
字　　数：89千字
定　　价：36.00元

前　　言

二十一世纪，世界面临着能源消费、环境保护、可持续发展的严峻挑战；同时，各行各业又恰逢智能化、网络化发展的最佳机遇。电能表是电力用户和供电公司贸易结算的计量器具，智能电能表是电力领域应用网络技术为成千上万的城镇居民提供现代服务的一种崭新的网络终端。网络结束了一百多年来电能表独处的工作模式，将千家万户连接在了一起，它不仅实现了用户与电力公司的有机衔接，同时还为每家每户共享丰富多彩的网络服务提供了途径。

“十二五”期间，我国的光伏、风力等分布式可再生能源得到了快速发展；各大电网公司响应国家的能源发展政策，对分布式可再生能源的接入给予了极大的支持。由于分布式电源的接入，传统意义上的供、需方角色悄然发生了变化：用户可以将自家多余的电力上网，卖给供电公司；而供电公司需要根据接受电量的多少支付费用给上网的电力用户。这一切都需要电能表提供计量数据予以保障。

我国是一个能源消费大国。控制能源消费总量，提高能源利用效率，降低、减少有害气体、粉尘排放，是我国持续发展面临的严重挑战。作为清洁能源，电力是燃煤、燃油的最佳替代品。在社会用电需求持续增长的形势下，分时电价、阶梯电价之类的市场价格机制，是化解用电和节电矛盾的重要手段。而这些新型的计量、计费方式，都需要功能强大的电能表予以支撑。

在讲求效率、提高服务质量、享受现代生活的今天，要想足不出户，或身处异国他乡时随时了解自家的用电情况，或为自家以及亲朋好友远程购电，都需要电能表实现高度网络化。

智能电能表承载着政府和用户的诸多期望，为落实国家“十二五”规划中建设智能电网的要求，截至 2018 年，各大电网公司已完成 5 亿多户的改造，实现了智能电能表走进千家万户的预定目标。

本书旨在用通俗易懂的语言、形象化的插图、简单上手的实验，以及引发思考的知识链接等形式，把智能电能表的功能特点、使用方法以及常见的居家用电内容传播给读者。希望读者阅读后，在分享网络服务、合理安排家庭用电等方面有更多的收获。

人物介绍

小张：32岁，某供电公司计量专责工程师，精通业务，服务周到，为人热情。

李老师：68岁，退休数学教师，幸福小区业主委员会委员，对数字敏感，凡事喜欢寻根究底。

冯大妈：56岁，家庭主妇，幸福小区居民，勤俭持家，乐于助人，乐于尝试新生事物。

小王：24岁，某校工科男，幸福小区居民，动手能力强，喜欢智能家居改造。

目　　录

第一章

相逢、相识更相知

场 景

故事发生在一个有着近400户居民的老旧小区——幸福小区。

初秋某一天上午，当地供电公司计量专责工程师小张来到幸福小区。为了能让居民们更好地了解智能电能表，他在小区的宣传栏中张贴了一套介绍新型智能电能表的使用方法、购电途径、注意事项等内容的宣传画。

就在小区居民们交头接耳，议论纷纷时，小区业主委员会委员李老师开了腔。他请小张把更换电能表的必要性向大家介绍一下，同时给大家讲讲辨识电能表性能、参数的方法。小张耐心地给大家做了讲解。

1.1　认识智能电能表

小张拿起带来的样品，交给居民朋友们传看，说道：“大家关心的智能电能表的许多特性、参数，在表的铭牌上都可以发现。让我们通过对智能电能表铭牌信息来认识它吧。”

图 1-1 是一款典型的民用智能电能表。在表的铭牌和面板上印制有许多符号、数字，这些信息的含义分别是：

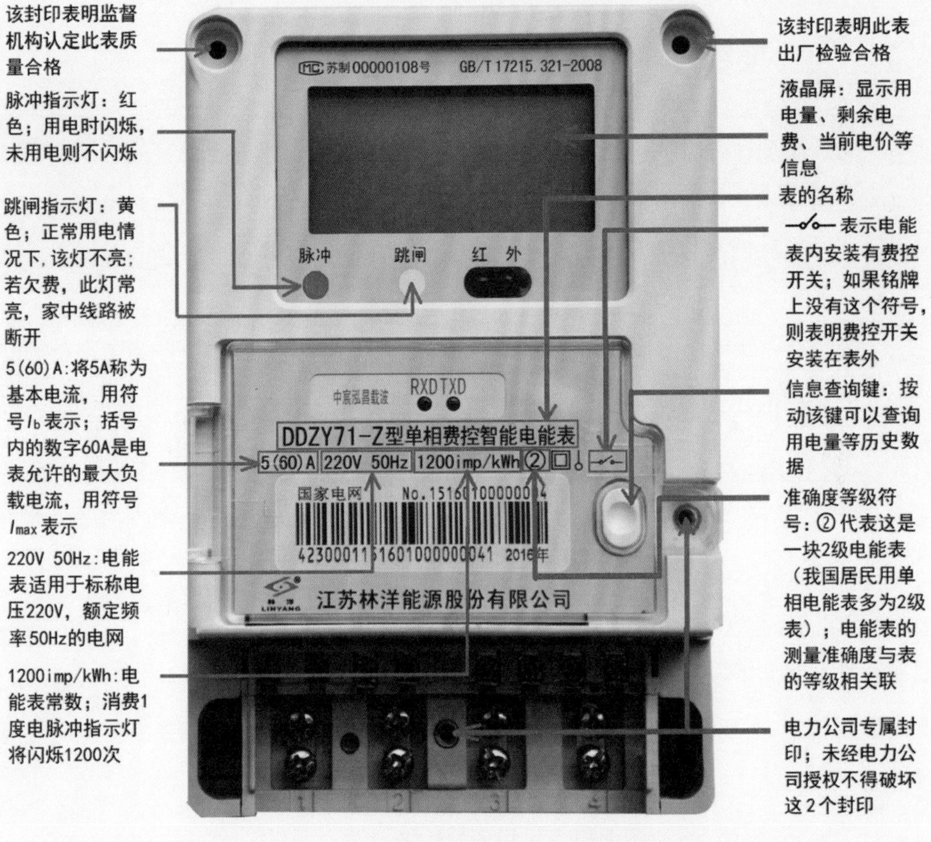

该封印表明监督机构认定此表质量合格

脉冲指示灯：红色；用电时闪烁，未用电则不闪烁

跳闸指示灯：黄色；正常用电情况下，该灯不亮；若欠费，此灯常亮，家中线路被断开

5(60)A：将5A称为基本电流，用符号I_b表示；括号内的数字60A是电表允许的最大负载电流，用符号I_{max}表示

220V 50Hz：电能表适用于标称电压220V，额定频率50Hz的电网

1200imp/kWh：电能表常数；消费1度电脉冲指示灯将闪烁1200次

该封印表明此表出厂检验合格

液晶屏：显示用电量、剩余电费、当前电价等信息

表的名称

—⁄—表示电能表内安装有费控开关；如果铭牌上没有这个符号，则表明费控开关安装在表外

信息查询键：按动该键可以查询用电量等历史数据

准确度等级符号：②代表这是一块2级电能表（我国居民用单相电能表多为2级表）；电能表的测量准确度与表的等级相关联

电力公司专属封印；未经电力公司授权不得破坏这2个封印

苏制00000108号　GB/T 17215.321-2008

脉冲　跳闸　红外

中宸弘昌载波　RXD TXD

DDZY71-Z型单相费控智能电能表

5(60)A　220V 50Hz　1200imp/kWh　②

国家电网　No.15160100000004

4230001151601000000041　2016年

江苏林洋能源股份有限公司

1　2　3　4

图 1-1　民用智能电能表外观及铭牌

听完小张的介绍，围观的居民们你一言我一语地发出了感慨：

（1）红色的脉冲指示灯就是用电脉搏，只要它在闪，就表明在用电；负载越大，脉搏越快。

（2）以后还是要多注意黄色的跳闸指示灯，避免影响正常用电。

（3）以前以为电能表误差只针对 5A 基本电流 I_b 呢，现在明白了，对电能表误差的规定覆盖了 $0.05I_b \sim I_{max}$ 整个工作电流范围，无论工作电流大小，表都不会飞跑。

（4）4 个封印把生产电能表的企业、应用电能表的电力公司和电能表质量的监督机构 3 方各自的责任划分得清清楚楚，智能电能表的品质受控，可追溯。

1.2 为啥换智能电能表

李克强总理在 2015 年政府工作报告中将“互联网 +”提升至国家战略层面的行动计划，就像 150 年前的第二次工业革命，电力让很多行业发生了翻天覆地的变化一样，当今互联网与传统行业的深度融合，正在深刻影响着各行各业的发展以及国计民生。

“互联网 +”在居民用电领域的代表作就是智能电能表，它不仅承载着把电力服务融入互联网的重担，而且使居民个性化的用能需求与电力公司全方位提供特色服务成为了可能。

那么对用户来说，与常规电能表相比，智能电能表主要的性能优势有哪些呢？

1. 智能电能表测量更准确

大家常说的准确度、精度，在技术标准中用测量误差来体现。

针对不同的工况和负载电流，国家标准对 2 级电能表误差的规定分别是不得大于 2%、2.5%，而智能电能表标准的规定分别是 1.0% 和 1.5%，也就是说智能电能表测量更准确。

2. 温度改变对误差影响小

电能表的测量误差会随着环境温度的影响而变化。在我国，冬季气温低于 -20℃的地区并不少见；而在盛夏季节，环境温度超过 +40℃的地方也比比皆是。而电能表就安装、工作在环境温度不断变化的各种场所中。

国家标准对 2 级电能表温度系数的规定是 0.15%/℃，即由温度变化引起的电能表误差的改变不能超过 0.15%/℃；而智能电能表的要求是 0.07%/℃，不到国家要求的一半；也就是说，智能电能表的误差受温度的影响比传统电能表要小许多。

3. 智能电能表更灵敏

电能表开始正常计量时的负载电流就是标准定义的起动电流。即：电能表在规定的起动电流条件下必须开始正常工作，否则就不合格。

起动电流小，表明电能表察觉微量用电的能力强。也就是当用电量足够小时，传统表可能还没有反应，但是智能电能表已经察觉并开始计量了。一只基本电流 I_b=5A 的传统表，国家标准规定它的起动电流是 $0.005I_b$ 即 25mA，也就是说如果线路中有一个 5.5W 的电器使用时，电能表才会计量；而智能电能表的起动电流是 $0.004I_b$ 即 20mA，4.4W 的电器就足以让它开始工作了。你看，智能电能表真的是更灵敏吧。

4. 智能电能表更加聪明

停电会给用户造成诸多不便，而电网络和云技术支持的智能电能表具备实时报送停电信息的功能，一旦客户家中发生停电，电力公司依据此功能提供的信息，可以快速精确地锁定客户所在区域和具体地址，并通知电力公司及时抢修。

5. 防窃电

智能电能表不仅有传统的封印，同时还具备发现、记录多种非法用电行为的能力，运用大数据分析，为日后依法查处提供依据。

1.3 把“脉”表走字

爱思考的李老师心中有些疑惑：“家中不用电，电能表也会走字，这是真的吗？电能表自身的电耗需要用户自己承担吗？”

“脉冲指示灯是电能表的脉搏，只要它闪烁，那就表明自家线路有用电；如果不闪烁，那就是没有用电发生。下面我给大家介绍一个简易的观察实验，只要我们在下述两种工况下，耐心、仔细地观察脉冲指示灯有否闪烁，再结合对电能表潜动的判断，李老师的疑惑就有答案了。”小张微笑着说道。

观察内容

（1）脉冲指示灯是否只有在用户用电时才闪烁？

（2）家中不用电，但液晶正常显示信息时，脉冲指示灯是否闪烁？

观察步骤

（1）在家中正常用电时，观察电能表的脉冲指示灯，此时红色的脉冲指示灯应该闪烁。

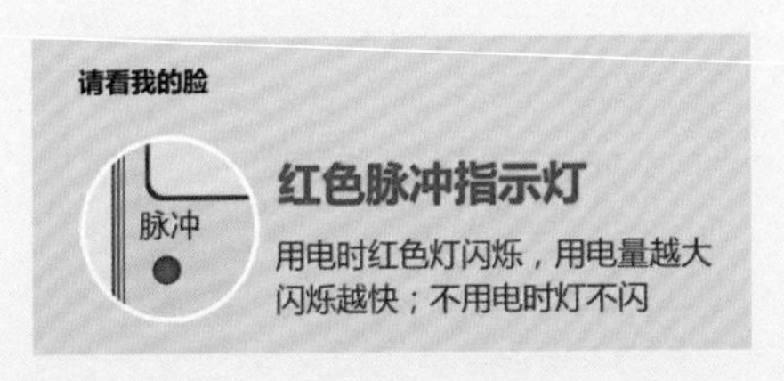

温馨提示：只观察是否闪烁，不用介意闪烁的快慢；如果脉冲指示灯不闪烁，可能是指示灯或有关元器件出问题了。

（2）关停家中无论是户内还是户外的所有用电器，包括智能 / 遥控接线板等都从插座上拔下来。

（3）按动信息查询键，观察液晶屏；此时，液晶屏背光点亮，并且有信息显示。

（4）记录下观测起始时刻，持续观测脉冲指示灯至少 30min（时间长一些更好），然后记录下观察结束时刻，和观测期间脉冲指示灯闪烁的次数 N。

（5）恢复家中正常用电。

观察结论

（1）在观测期间，如果脉冲指示灯的闪烁不多于 1 次，那么表明：

- 电能表工作正常；
- 自家线路没有用电时，电能表也没有走字；
- 由于脉冲指示灯不闪烁，所以尽管液晶屏在工作，有信息显示，但是电能表并没有计量，这表明用户没有负担电能表自身的电耗。

（2）在观测期间，如果脉冲指示灯闪烁的次数 $N > 1$，那么有可能是：

- 家中的线路或开关存在漏电隐患，如：调光、调速开关没有完全关闭。
- 家中无法拔下的用电器存在漏电，例如吊扇、吸顶灯、浴霸等。
- 有非法用电侵入自家线路。
- 电能表存在问题。

此种情况下，建议拨打电话 95598，请电力公司到家中检查、处理。

重要提示：

（1）只有确保断电对使用中的电器不会造成重大影响之后，才可以做这个观测实验，以避免造成不必要的损失。

（2）自我观测得到的结论只能参考，具有法律意义的权威结论必须由具有资质的检测机构检测后出具。

知识链接

岿然不动——潜动

电能表的潜动性能是用来评价当电能表中没有负荷电流时，电表有否计量发生的一项指标；即：对合格的电能表来说，如果家中没有用电，脉冲指示灯就不应闪烁，电能表的计度器就不能走字。

为了评价这项性能，标准规定要对电能表连续观测一定的时间；以常用的单相电能表（2级、5(60)A、220V、1200imp/kWh）为例，国家标准规定的观测时间不得少于30min；而智能表标准规定不得少于114min。观测时间长，意味着要求更严格，以尽可能避免出现不合格品的漏判、错判。

1.4 准确度的自我评估

李老师继续说:“小张，我还有个疑惑，换了智能电能表，我们普遍感觉到表快了，这是为什么呢？”

“李老师，这个问题属于对电能表测量误差、测量准确度的判定，是一项严谨、科学的工作，通常需要由有资质的专业机构，在规定的试验环境条件下，依据国家标准进行检测、判定。对安装在居民家中的电表，由于环境温度、供电电压、供电频率、电网谐波、电磁干扰、负载等因素总是在变，所以无法对电能表的准确度进行科学、完整的判定。考虑到现实生活中的需要，这里给大家介绍一个在用电能表测量准确度的估算方法。”小张继续说道。

目的：估算在用电能表的准确度。

用具：电炉（建议额定功率2kW）、钳形万用表、计时器、接线板。

步骤：

（1）确认家中不存在漏电隐患。

（2）核实实验用电炉的用电功率 P。

1）按下图连接好电炉、万用表；

2）按下开关K，用万用表测量工作电流 I 和线路电压 U，并记录下来；

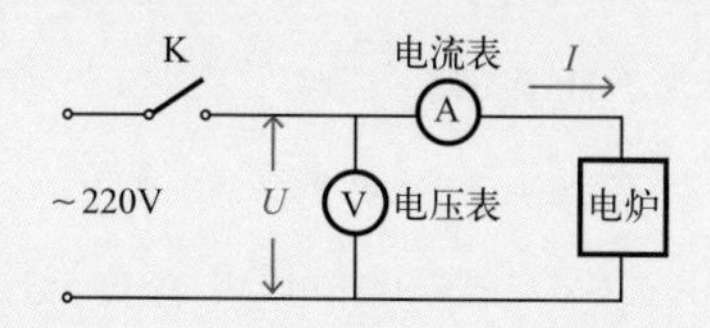

3）释放开关K，切断电炉用电；

4）计算电炉功率：$P=U\cdot I$。

（3）关停家中的所有用电器，持续观察脉冲指示灯15min，确认该灯不闪烁。

（4）按信息查询键，查看并记录下当前有功总电量 E_0（kWh）。

（5）设置计时器，建议 Pt 的取值不要小于2kWh（如：电炉功率2kW，计时时间 t 最好不小于1h）。

（6）只把电炉接入用电线路中，按下开关K，同时起动计时器。

（7）计时结束时刻释放开关K，切断电炉用电。

（8）查看并记录下液晶屏显示的当前有功总电量 E_1（kWh）。

（9）恢复家中正常用电。

准确度估算：

计算公式：

$$\varepsilon=\frac{\left|E_1-E_0\right|}{P_t}\times100\%$$

- 如果 $\varepsilon<6\%$，则可以认为电能表测量是准确的；
- 如果 $\varepsilon>6\%$，电能表测量准确度可能存在问题，可以拨打电话95598，请电力公司处理、解决。

重要提示：影响误差的因素很多，当对自家电表准确度存有疑虑时，应该联系当地供电公司，切勿自行拆电能表！

第二章

智慧从“芯”开始

场 景

北方的秋日天高气爽，幸福小区的居民们休闲地聊着天。自从新换了智能电能表之后，大家的话题似乎总绕不开电能表和电费。这不，冯大妈正在叨咕呢。“李老师，我怎么感觉这两个月的电费比以前多了，智能电能表上那个小红灯闪得人心惶惶的。”

“是呀，我也上网查了一下，与往常相比，电费好像是多了些。上次小张工程师讲过了，智能电能表的起动电流小，灵敏度高，以前跑冒滴漏的‘福利’没有了。反正用多少电就收多少钱，我倒没往心里去。”李老师漫不经心地答道。

“这情况好像不止一家耶，”冯大妈说，“咱们还是向供电公司反映一下，争取搞搞明白吧。”

近二十年间，国家对节能减排、大气环境保护以及可持续发展越来越重视，对此，国家和地方政府相继出台了峰谷、阶梯等新的电价政策，同时鼓励光伏、风电、生物质能发电等可再生能源的利用；这些新的电价政策，涉及百姓的日常消费支出，应该家喻户晓。供电公司接到居民们的电话后，给小张工程师布置了一项任务：详细介绍涉费的智能电能表知识，解答居民的问题和疑惑。

2.1 “芯”领神会本领大

与传统电能表相比，智能电能表安装了智能芯片，是“互联网+”在电网中的具体应用。为了适应可再生能源的使用，满足用户的定制服务，智能电能表都有哪些与计费有关的功能呢？这些与大家关系密切的基本功能有什么用途，又如何用好它呢？在幸福小区的居民活动室，小张工程师做了如下的智能电能表知识讲座。

1. 可以卖电了——双向计量功能

自国家“十二五”开始，我国加快了可再生能源的建设，目前太阳能、风力、水力发电的总装机容量都位列世界第一。与此同时，各家电力公司积极为新能源接入电网提供便捷服务；这意味着，传统意义上的用电户可以将自家发的电卖给电网企业了。智能电能表的双向计量功能就是为各种分布式新能源的入网而设计的；即智能电能表既能计量用户消费电网提供的电力，又能计量用户卖给电网的电量。用户可以通过液晶屏或者网络服务平台获得自家用电与售电信息。

2. 巧用电，真实惠——分时计量与峰谷电价

分时计量功能与居民的电费支出紧密关联；充分了解当地的峰谷电价，不仅有助于自己如何计算每个月的电费支出，还可以合理安排自家用电，享受优惠电价，节约电费支出。

按照不同的用电时间段，分段计量用电量的方法称之为分时计量；与之对应的电费价格称之为峰谷电价。

分时计量的目的在于均衡使用电力，尽可能减少输配电损失。而峰谷电价则是利用价格杠杆，鼓励用户错峰用电，尽量减少用电高峰期的高价电（峰电），而将负荷转移到用电负荷较轻的时间段使用，即多利用低价电（谷电），实现合理用电。简单地说，如果能把一些用电的家务安排在晚上、夜间或者凌晨做，就可以享受优惠的低谷电价，节约电费支出。

供电线路用电负荷的变化具有一定的规律性，如图 2-1 所示。峰谷电价指的就是与用电负荷时间段对应的峰、平、谷三种不同的电力价格。峰时段的电价较高，谷时段的电价最低，而平时段的电价则介于峰、谷电价之间。

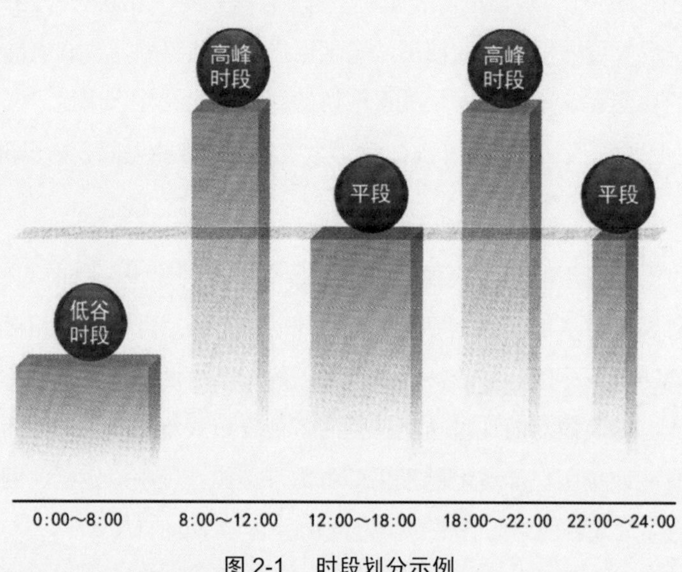

图 2-1　时段划分示例

由于我国幅员辽阔，各地的工业、商业、服务业的生产经营规律差异很大，居民的生活消费水平也不尽相同，所以，各地的居民电价政策也是因地制宜；即我国有些地区实行的是峰、平、谷三个电价，有些地区实行的是峰、谷两个电价，而还有一些地区实行的是单一电价。是否实施峰谷电价，具体的时段和电价如何规定，这些都由各地方政府决定。居民可以通过智能电能表液晶屏显示的信息或电力公司官网了解当地的电价信息。

3. 多用电多付费——阶梯计量与电价

阶梯计量是指地方政府在对本地区居民平均用电水平进行科学评估的基础上，把一个电费结算周期（通常是日历年）内户均用电量的水平设置为三个档次（即三个阶梯），如图 2-2 所示；遵循“多耗能多付费”的原则，电费价格随用电量增加呈阶梯状递增。即不同的阶梯，电价不同，如果在一个电费结算周期内，累计消费的电量超出某阶梯规定的电量限值后，电费将按新阶梯的价格计算。

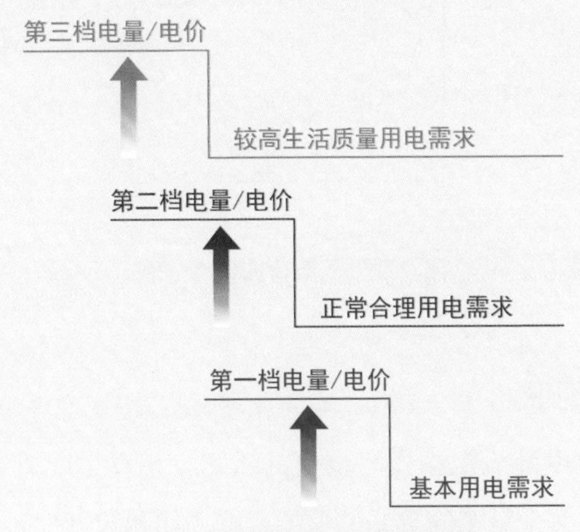

图 2-2　阶梯电量 / 电价示意图

阶梯电价已在我国全面实施，而阶梯计量则是智能电能表为适应国家这一政策必须具备的一项功能。与分时计量一样，这项功能与电量查询、电费 / 电价查询功能相配合，居民就可以明明白白地了解自家电费支出的详情，以及其他用电数据和信息。

由于我国电力资源分布不均匀，各地居民的生活水平存在差异，所以分档电量和阶梯电价的具体实施方案由各地方政府根据本地情况制定。

4. 用电有规律——负荷记录功能

智能电能表中的负荷记录功能是指：智能电能表会按照预先设定的时间间隔（如 15min）对用户的电压、电流、功率、电能等用电参数进行采集、记录，然后在电力公司提供的服务平台上，把这些数据绘制成曲线，为用户进一步的服务需求提供支撑。

通过查阅负荷记录，用户可以对自家每天（见图 2-3）、每月乃至每年的用电规律有所了解。借助于这个功能，用户不仅可以合理安排峰谷时段的用电，而且还可以发现自家用电中是否存在漏电、是否有外部非法窃电，甚或电能表线路是否有错接等许多问题。

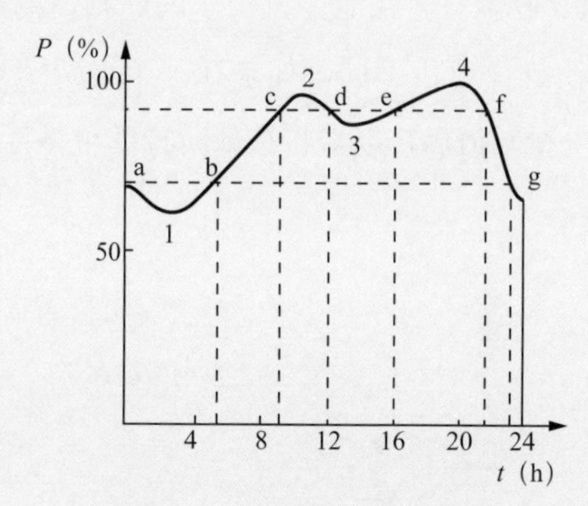

图 2-3　日负荷曲线示意图

5. 小脾气——费控功能

费控功能是智能电能表根据用户电费的缴纳、结存情况管理负荷开关的一项功能。它是一项与用户关系紧密的重要的功能，即当用户欠费时，该功能会中断用电。

费控功能的工作流程是这样的：

（1）按照日结算的方式，电能表实时核查用户的账户余额。

（2）当账户余额大于 5 天的费用时，用户可以放心用电。

（3）如果账户余额不足 5 天时，液晶屏上显示“请购电”的提示；订阅了手机短信通知服务的用户会收到余额不足的提醒短信。

（4）当账户余额为“0”时，用户会收到停电预警短信，并在 7 天后自动断电；此时需要用户及时购电。

（5）断电时，液晶屏上显示“拉闸”提示符。

（6）当系统确认用户购电成功后，内置负荷开关电能表将会自动合闸；用户也可以通过插入购电卡确认电费入账，完成插卡合闸或者长按信息查询键 3s 后完成合闸；对外置负荷开关电能表，用户只需合上外置负荷开关就可以恢复用电了。

知识链接

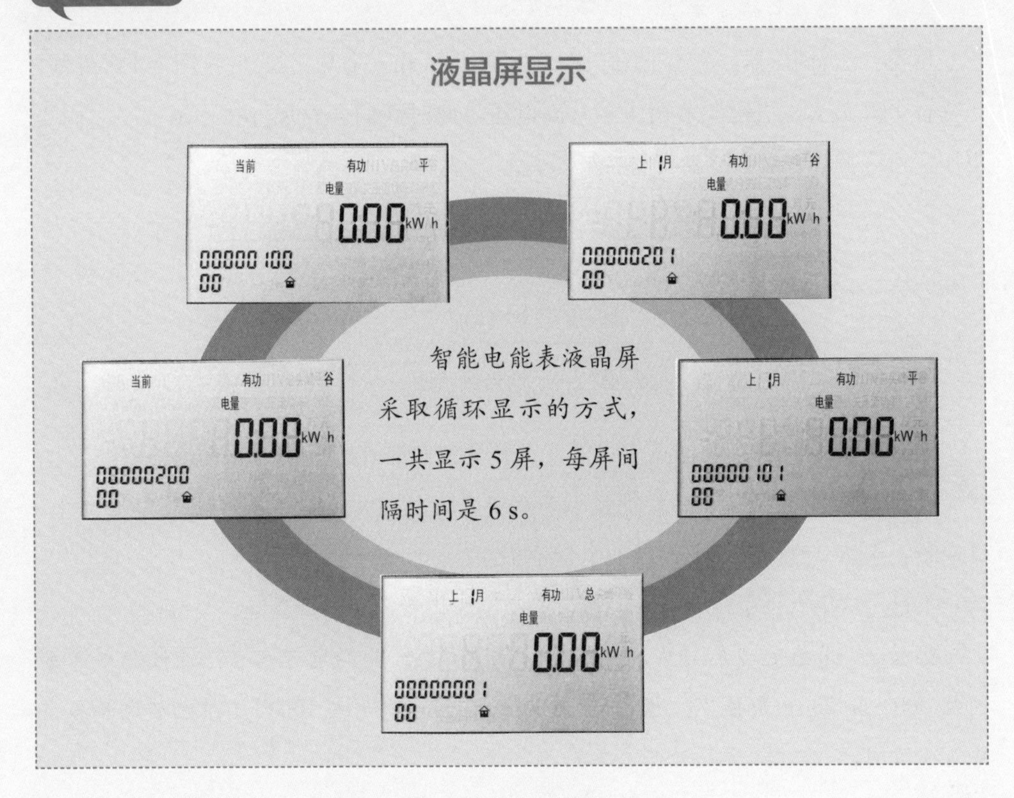

2.2 电压高低与电费——量入而出

冯大妈问："小张，电压有时不稳定，那我们掏的电费一样吗？"

小张说："冯大妈，我们先做个小实验，看看线路电压增高或降低对白炽灯的亮度有什么样的影响。"

物理知识告诉我们，一个电器的用电功率 P 取决于式（2-1），消耗的电能 E 取决于式（2-2）。

$$电功率\ P = 电压\ U \times 电流\ I \tag{2-1}$$

$$电能\ E = 电功率\ P \times 时间\ h = 电压\ U \times 电流\ I \times 时间\ h \tag{2-2}$$

小张笑着说：“让我们做个改变白炽灯电压的实验，亲身感受一下这两个公式。”

实验 1：白炽灯调光实验

用具：一台调压器、一个白炽灯、一块电压表 V 和一个开关 K，并按图 2-4 接好线。

合上开关 K，缓慢调节调压器升高电压，此时我们会发现灯在逐渐变亮；而当电压缓慢降低时，灯会逐渐变暗。

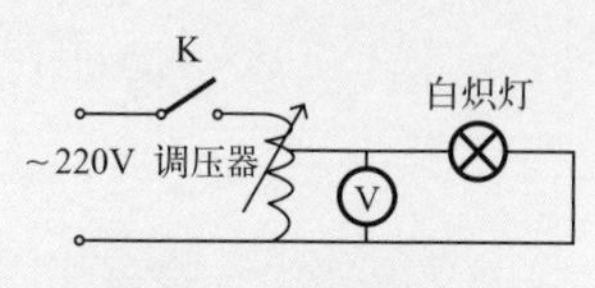

图 2-4　调光实验图

实验说明：电压 U 的增高或降低，直接导致白炽灯用电功率 P 和消耗电能 E 的增大或减少。电压升高，白炽灯的实际功率变大，灯变亮；电压降低，白炽灯功率减小，灯变暗。当然，这两种情况消耗的电量也不一样。

不过，这里有一个概念需要澄清，让我们来做个简单的计算吧。

实验 2：用额定功率 1kW（即额定阻抗 R=48.4Ω）的电开水壶，在线路电压分别是 200V 和 230V 条件下，将 5L 温度为 20℃的水加热到 100℃，即把水烧开各需要多少时间？

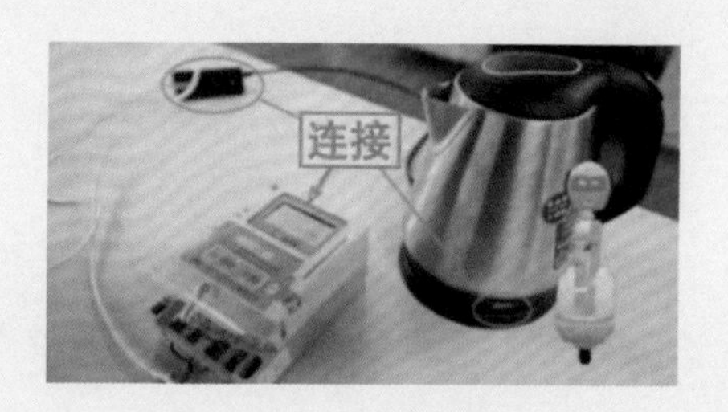

物理常识告诉我们：

（1）1L 水温度升高 1℃需要 1000cal 的热量。

（2）1kWh 电转换成的热量是 860kcal。

所以，将 5L 20℃的水加热到 100℃，需要 400kcal 的热量 Q，折合 0.465kWh 电能 E；因为，电开水壶在 200V 电压时的功率为 P_{200} = 826.4W，在 230V 电压时的功率

为 $P_{230} = 1093.0\text{W}$，所以

当线路电压为 200V 时，烧开一壶水需要的时间 T_{200} 是：

$$T_{200} = E / P_{200} = 465 / 826.4 \approx 0.56(\text{h}) = 33.8(\text{min})$$

当线路电压为 230V 时，烧开一壶水需要的时间 T_{230} 是：

$$T_{230} = E / P_{230} = 465 / 1093.0 \approx 0.43(\text{h}) = 25.5(\text{min})$$

实验说明：

（1）由于烧开一壶水所需要的热量 Q 是确定的，所以当电压低时，耗时会长一些，而电压高时，耗时则会短一些；

（2）两种工况下所消耗电能 E 是相同的，并不会因电压增高而多耗能，也不会因电压降低而少用能。

当然，如果条件具备，可以做一下这个实验，对计算结果进行验证。

通过上述 2 个实验，可以得出：

（1）设备铭牌上标注的只是额定功率，电器的实际用电功率随着线路电压的改变成正比例变化。

（2）对能量有明确需求的电加工对象（如：烧开水），线路电压高时功率变大用时短，电压低时功率减小用时长，消耗的电能量是不变的。

（3）用电器（如：白炽灯）对能量消耗没有确定需求时，线路电压高时比电压低时，会消耗较多的电能。

（4）电能表只负责客观计量用电器消耗的电能，它不会因线路电压的变化而影响计量结果的准确性。

知识链接

国家规定居民用电线路电压的允许波动范围为 $220\text{V}^{+7\%}_{-10\%}$。实际上，我们常说的 220V 是指供电线路的标称电压，而真实的线路电压随时都围绕着 220V 这个标称值上下波动；也就是说，家庭用电电压随时都在波动，只要在 235~198V 范围内，就符合国家规定。

那么，电压波动对电能表计量有没有影响呢？应该说，影响或多或少都有一点，电能表的技术标准对此有明文规定：当电压波动 ±10% 时，国家标准规定电能表误差的改变不得超过 ±1.5%；而智能电能表标准规定不得超过 ±1.0%。

举例来说，如果一只电能表的误差是 -0.8%，当电压波动 ±10% 时，按照国家标准的规定，它的误差不得超出 -2.3% ~ +0.7% 范围；依据智能电能表标准的要求，它的误差不能超出 -1.8% ~ +0.2% 的范围。

2.3 亲兄弟明算账——明察秋“耗”

智能电能表为了维持如计量、存储、通信等自身的工作，也需要用电，那么这部分用电量由谁承担呢？

上一章曾通过实验观察，从直觉上得到结论：用户不负担智能电能表的自身电耗。这一节让我们从智能电能表的工作原理上做进一步的解析。

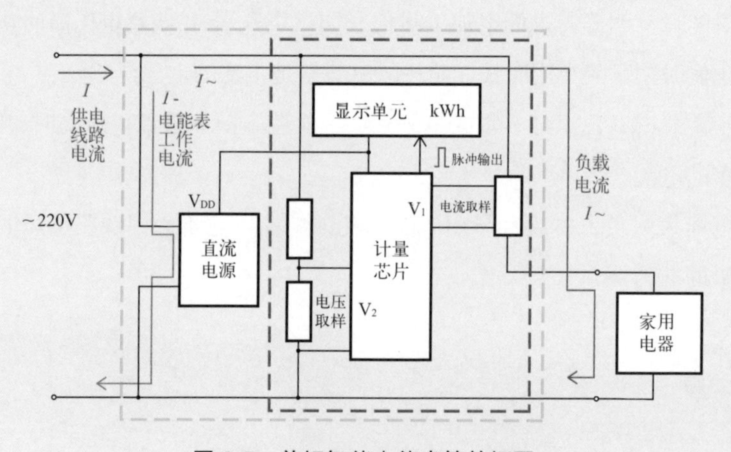

图 2-5 单相智能电能表等效框图

其实，在电能表设计阶段就已经把用户用电回路与电能表自身用电分开考虑了。

请看图 2-5，图中黄色虚线框里的内容是简化的单相智能电能表等效电路图，而红色虚线框内则是表的计量线路和显示单元。

从图中可以看出，供电线路电流 I（红色粗实箭头线）是由电能表工作电流 I_-（绿色实箭头线）和负载电流 $I_\sim$（红色实箭头线）两部分组成的，即：$I = I_- + I_\sim$。而电能表工作电流 I_- 和负荷电流 $I_\sim$ 走的是两条完全不同的路径。

负载电流 $I_\sim$ 从电流取样电阻上流过，并形成了负载电流输入信号 V_1；而电能表工作电流 I_- 根本没有经过电流取样电阻，所以在 V_1 中没有丝毫 I_- 的成分。

智能电能表计量芯片是按照式（2-3）实现电能量 E 计量的。

$$E = P \times h = k_1 \times V_1 \times k_2 \times V_2 \times cos\varphi \times h \qquad (2\text{-}3)$$

式中

k_1、k_2 ——分别是电流取样和电压取样系数；

V_1、V_2——分别是电流信号和电压信号；

$cos\varphi$ ——线路的功率因数（取决于家中线路的负载特性）；

h——用电的时间。

式（2-3）表明：计量芯片只有同时获得负载电流输入信号 V_1 和线路电压输入信号 V_2 后才会输出代表用电量的脉冲信号，电能表的红色脉冲指示灯才会闪烁，液晶屏上的用电量数据才会刷新。否则，如果负载电流 $I_\sim = 0$，就意味着计量芯片的电流输入信号 $V_1 = 0$，自然 E 也就等于 0 啦；也就是说，只要家中没用电，智能电能表的计量结果就是 0。

图 2-5 和式（2-3）清楚地表明：智能电能表自身的电耗真的与用户无关！

那么，为什么有时家中没有用电，电能表却还在计量呢？

如果电能表真的在计量，就说明家中线路有自己没有意识到的负载电流存在。出现这种情况的原因是多种多样的，比较典型的情况有：

1）家中线路或用电器有漏电。

2）开关老化或失灵，导致电器依旧在用电。

3）凡是有遥控功能或智能化的设备，如：电视、音响、洗衣机、充电器、声/光/时控设备、调光设备、自动储热设备、恒温鱼缸等，除非把它们彻底从插座中拔下来，否则都处于消耗电力的用电状态。

4）家中的线路被他人非正常占用，等等。

知识链接

节能——智能电能表必须的

功耗是一项考核电能表在正常工作时自身消耗多少电量的指标。由于这部分电耗由供电公司自己承担，是供电损耗的一部分，所以，供电公司特别介意它的大小。

国家标准规定：电压线路的功耗不得大于2W，电流线路不得大于2.5VA；与之对应，智能电能表标准的要求分别是1.5W和1VA，只是国家标准的80%和40%。

与传统电能表相比，如果按一只智能电能表少消耗2W的电力，全国按5亿只电能表计算，一年则可以节约87.6亿kWh电，比三峡电站年规划发电量的十分之一还要多一些，因此智能电能表也是一款节能产品哟。

2.4 自家电费自己算

我国的居民用电电价由国家和地方政府制定，各省、自治区、直辖市电力公司会采用各种方式适时公布销售电价；居民可以通过供电公司营业厅、电力公司官网等渠道，了解自家所在地区的电价，计算电费支出。

现在常见的电价有单一电价、阶梯电价、分时+阶梯组合电价3种。作为示例，表2-1、表2-2给出了河南、浙江两省的部分电价，供参考。

表2-1 河南省居民生活用电电价表

河南省电压等级小于1kV的居民生活用电电价表(元/kWh)				
用户	类别	分挡电量(kWh/户·年)	电度电价	阶梯电价执行周期
直供/趸售“一户一表”用户	一档	2160(含)	0.5600	当年1月1日至12月31日
	二档	2161~3120(含)	0.6100	
	三档	3121及以上	0.8600	
直供/趸售	合表用户	/	0.5680	/
注：电价中已包含基金及附加费。				

表 2-2　　　　　　　　　　　　浙江省居民生活用电电价表

浙江省电压等级小于 1kV 的居民生活用电电价表 (元 /kWh)						
用户	类别	分挡电量 (kWh/ 户·年)	电度电价	分时电价		阶梯电价执行周期
				高峰电价	低谷电价	
“一户一表”用户	一档	2760(含)	0.5380	0.5680	0.2880	当年 1 月 1 日至 12 月 31 日
	二档	2761~4800(含)	0.5880	0.6180	0.3380	
	三档	4801 及以上	0.8380	0.8680	0.5880	
合表用户	合表	/	0.5580	/	/	/
注：1. 电价中已包含基金及附加费； 2. 此表中的“一户”指少于 5 人的家庭； 3. 分时电价时段划分：高峰时段 :08:00~22:00，低谷时段 :22:00~ 次日 08:00。						

从表 2-1 和表 2-2 可以看出，两省的居民电价确实有差别。不仅年度阶梯用电量的划分不同，各阶梯的电费价格也不一样。另外，浙江省实行的是阶梯 + 分时电价的政策，即电费的计算除去要考虑阶梯用电量外，还要根据每天的用电时间段分段计算。而对于合表用户（注：多家共同使用一只电能表）来说，两个省都执行单一电价，与阶梯用电量、用电时段无关。

所以，要想算清电费，用户首先需要知道自家属于哪种用户类型，在此基础上，按当地的电价政策，找到适用于自家的电价，然后通过简单的运算就可以得到结果了。另外，各地政府对“五保户”“低保户”以及以电代煤取暖的居民用户的生活用电有优惠政策，这类用户可咨询当地供电公司营业厅，按照政策计算自家电费。

下面介绍下电费计算公式。

1. 使用阶梯电价的场合（参看图 2–6）

总用电量 = 第一档用电量 + 第二档用电量 + 第三档用电量

第一档电费 = 第一档用电量 × 第一档电价

第二档电费 = 第二档用电量 × 第二档电价

第三档电费 = 第三档用电量 × 第三档电价

总电费 = 第一档电费 + 第二档电费 + 第三档电费

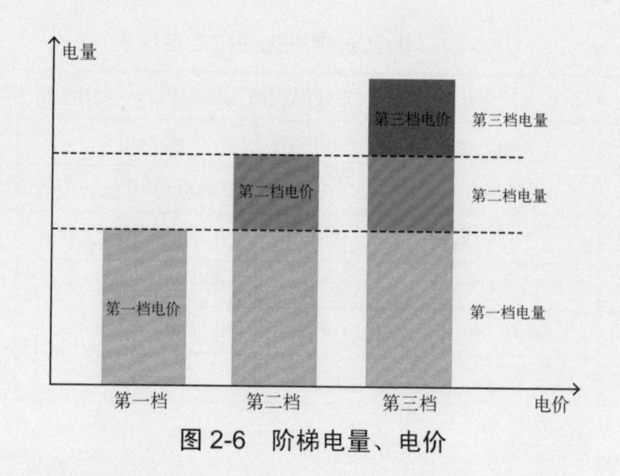

图 2-6 阶梯电量、电价

2. 使用阶梯 + 峰谷电价的场合（参看图 2–7）

总用电量 = 第一档用电量 + 第二档用电量 + 第三档用电量

第一档电费 = 第一档峰时段用电量 × 第一档峰电价 + 第一档谷时段用电量 × 第一档谷电价

第二档电费 = 第二档峰时段用电量 × 第二档峰电价 + 第二档谷时段用电量 × 第二档谷电价

第三档电费 = 第三档峰时段用电量 × 第三档峰电价 + 第三档谷时段用电量 × 第三档谷电价

总电费 = 第一档电费 + 第二档电费 + 第三档电费

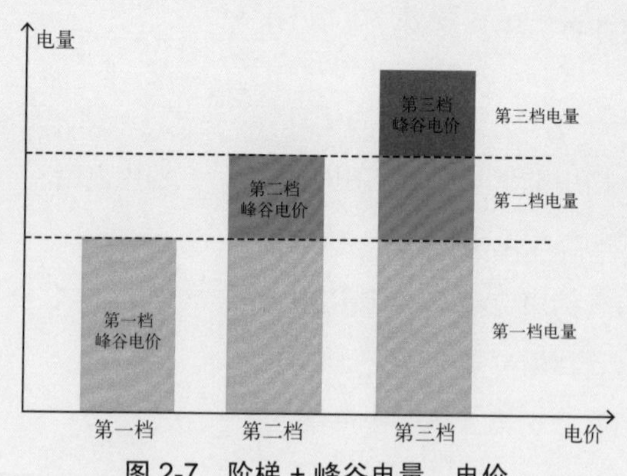

图 2-7 阶梯 + 峰谷电量、电价

第三章

对“任性”说不！

场 景

幸福小区智能电能表的普及、安装工作已经完成，对身边的这个新生事物，居民们充满了陌生感。

电能表是居民用户与电力公司进行电力交易的计量器具，那么，智能电能表的产品质量信得过吗？在用智能电能表的计量性能有人管吗？冯大妈直言不讳地说出了自己的担心，在一旁的邻里们附和着说道："是呀，电表厂在市场经济的主导下，按照电力公司的要求调整误差太有可能了，表快了对电力公司有利。"

听到这些，小张回应道："大家静一静，听我讲。在我国，电能表是法制监管的计量器具，有着非常严密的监管体系，不仅有完整的法律法规，各级政府还设有相应的执法监管部门，对电能表生产企业以及被授权的第三方检测机构的资质、人员、设备、管理以及电能表产品质量会进行常态化的全方位监管，监管信息公开、透明。下面我给大家详细说说。"

3.1 法力无边，童叟无欺

《中华人民共和国计量法》明确规定：在中华人民共和国境内，“进行计量检定，制造、修理、销售、使用计量器具，必须遵守本法”；“国务院计量行政部门对全国计量工作实施统一监督管理。县级以上地方人民政府计量行政部门对本行政区域内的计量工作实施监督管理”。与一般的电子类产品不同，根据我国相关法规的规定：电能表是政府依法强制监管的计量器具。

与《计量法》配套，国家、地方政府、行业、企业还颁布有各种行政法规、技术法规，规范了电能表产品的制造、使用、检定、管理、监管等各项工作以及相应的法律责任。

具体地说：

（1）生产制造：电能表企业的业务；但电能表企业生产电能表的资质，需要接受省计量行政部门的考核，并获得许可；电能表企业的关键设备、设施、人员以及产品质量要接受地方政府计量行政部门的监督检查。

（2）性能检定：第三方检测机构的业务；但该技术机构需要接受省计量行政部门的考核、认证，获得授权；该机构与电能表计量检定有关的设备、设施、人员、管理等都要接受计量行政部门的监督检查。

（3）使用与管理：电力公司需按照《计量法》等法律法规的要求，使用、管理、轮换电能表，并接受地方计量行政部门对在用电能表性能的监督检查。

（4）政府监管：为了便民，我国各级政府都建有官方网站，推行政务公开。通过访问官网，市民可以随时查询、了解包括电能表产品质量强制监督抽查公报在内的各种公开信息，从源头上获知政府监管的权威发布。

知识链接

第三方检测机构

（1）第三方检测机构又称公正检验机构，指因某事物发生关联的两个主体之外的另一个客体检测机构，有时也称为第三方。

（2）第三方可以和某个主体有资本纽带联系，也可以是独立于两个关联主体利益之外的另一方；第三方以公正、权威的非当事人身份，根据有关法律、标准或合同开展检测活动。

（3）第三方检测机构的资质和权限由国家或国际权威机构按法定程序进行认定 / 认可并颁发证书予以确认。

（4）第三方检测机构是政府监管的有效补充，是政府充分利用社会优势资源，方便生产，利于管理，服务于民的产物。

（5）欧美在 15 世纪初，就出现了第三方检测机构；到 19 世纪中叶这种模式已经普及。

1. 国家监管（官网 www.aqsiq.gov.cn）

（1）国家质检总局通过不定期的强制监督抽查，对电能表产品进行管控，并通过媒体、官网等渠道及时向社会公布强制监督抽查的信息。

（2）在官网右上角搜索栏空白处键入关键字，点击“🔍”或“高级搜索”即可查找到相关信息，也可点击“信息公开”→“最新信息公开”进行查询。

（3）图 3-1 是搜索图例。单击该网页下方的附表链接，可以了解到更多的信息。

图 3-1　搜索图例（一）

图 3-1　搜索图例（二）

2. 地方政府监管（见图 3–2）

（1）各地方政府主管部门对属地企业生产、使用电能表的情况会进行不定期抽查并公布抽查结果。

（2）访问当地省质监局官方网站，在“信息公开”菜单下或通过搜索就可以查询到当地质监部门历年监督抽查的信息。

图 3-2　地方政府监管图示

3.2 “既当运动员，又当裁判员”法理不容！

长期以来，社会上有一种舆论，认为电力公司既从事电力销售，又承担电能表的检定、检测工作，属于“既当运动员，又当裁判员”的不公正行为。还是让我们来看看我国的计量法规是如何规定的吧。

按照我国的《计量法》和《计量授权管理办法》的规定，“国家或省质监部门可以根据需要授权其他单位的技术机构，承担电能表强制检定、测试任务”“被授权的机构承担电能表强制检定、测试任务符合我国法律规定；其出具的检测结果是有社会公信力的公证数据”。电力公司中承担电能表检定、检测工作的省电力公司计量中心就是这样一个具有国家 / 地方政府计量行政部门授权的技术机构。

1. 计量法律法规条文（见图 3-3）

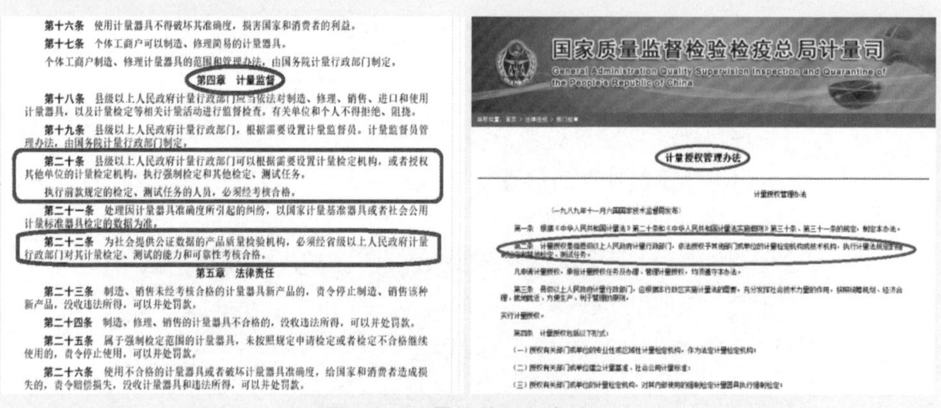

第十六条 使用计量器具不得破坏其准确度，损害国家和消费者的利益。

第十七条 个体工商户可以制造、修理简易的计量器具。

个体工商户制造、修理计量器具的范围和管理办法，由国务院计量行政部门制定。

第四章 计量监督

第十八条 县级以上人民政府计量行政部门应当依法对制造、修理、销售、进口和使用计量器具，以及计量检定等相关计量活动进行监督检查，有关单位和个人不得拒绝、阻挠。

第十九条 县级以上人民政府计量行政部门，根据需要设置计量监督员。计量监督员管理办法，由国务院计量行政部门制定。

第二十条 县级以上人民政府计量行政部门可以根据需要设置计量检定机构，或者授权其他单位的计量检定机构，执行强制检定和其他检定、测试任务。

执行前款规定的检定、测试任务的人员，必须经考核合格。

第二十一条 处理因计量器具准确度所引起的纠纷，以国家计量基准器具或者社会公用计量标准器具检定的数据为准。

第二十二条 为社会提供公证数据的产品质量检验机构，必须经省级以上人民政府计量行政部门对其计量检定、测试的能力和可靠性考核合格。

第五章 法律责任

第二十三条 制造、销售未经考核合格的计量器具新产品的，责令停止制造、销售该种新产品，没收违法所得，可以并处罚款。

第二十四条 制造、修理、销售的计量器具不合格的，没收违法所得，可以并处罚款。

第二十五条 属于强制检定范围的计量器具，未按照规定申请检定或者检定不合格继续使用的，责令停止使用，可以并处罚款。

第二十六条 使用不合格的计量器具或者破坏计量器具准确度，给国家和消费者造成损失的，责令赔偿损失，没收计量器具和违法所得，可以并处罚款。

计量授权管理办法

计量授权管理办法

（一九八九年十一月六日国家技术监督局发布）

第一条　根据《中华人民共和国计量法》第二十条和《中华人民共和国计量法实施细则》第三十条、第三十一条的规定，制定本办法。

第二条　计量授权是指县级以上人民政府计量行政部门，依法授权予其他部门或单位的计量检定机构或技术机构，执行计量法规定的强制检定和其他检定、测试任务。

凡申请计量授权，承担计量授权任务及办理、管理计量授权，均须遵守本办法。

第三条　县级以上人民政府计量行政部门，应根据本行政区实施计量法的需要，充分发挥社会技术力量的作用，按照统筹规划、经济合理、就地就近、方便生产、利于管理的原则，

实行计量授权。

第四条　计量授权包括以下形式：

（一）授权有关部门或单位的专业性或区域性计量检定机构，作为法定计量检定机构；

（二）授权有关部门或单位建立计量基准、社会公用计量标准；

（三）授权有关部门或单位的计量检定机构，对其内部使用的强制检定计量器具执行强制检定；

图 3-3　计量法律法规条文

2. 计量中心是合法的检定、检测技术机构（见图 3–4）

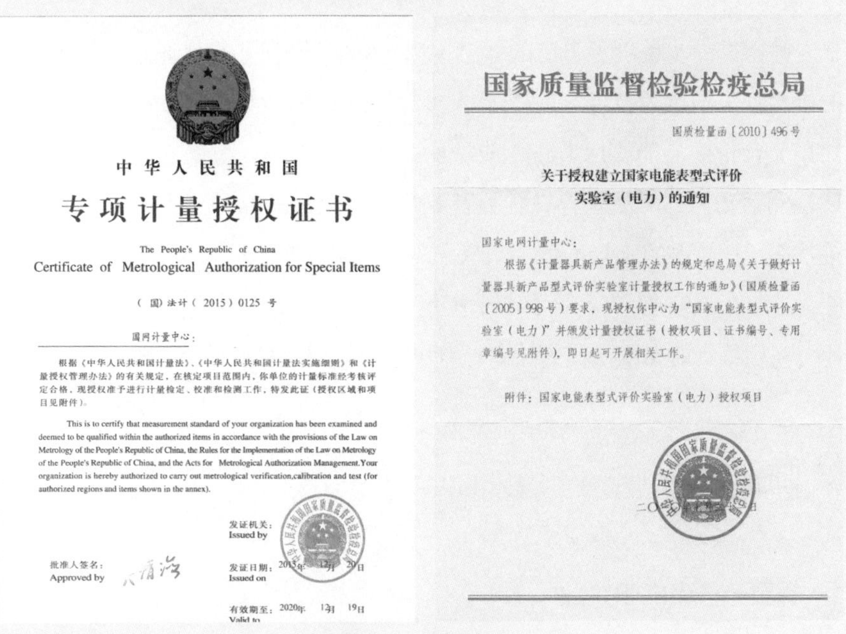

中 华 人 民 共 和 国

专项计量授权证书

The People's Republic of China

Certificate of Metrological Authorization for Special Items

（国）法计（2015）0125 号

国网计量中心：

根据《中华人民共和国计量法》、《中华人民共和国计量法实施细则》和《计量授权管理办法》的有关规定，在核定项目范围内，你单位的计量标准经考核评定合格，现授权准予进行计量检定、校准和检测工作，特发此证（授权区域和项目见附件）。

This is to certify that measurement standard of your organization has been examined and deemed to be qualified within the authorized items in accordance with the provisions of the Law on Metrology of the People's Republic of China, the Rules for the Implementation of the Law on Metrology of the People's Republic of China, and the Acts for Metrological Authorization Management. Your organization is hereby authorized to carry out metrological verification, calibration and test (for authorized regions and items shown in the annex).

发证机关：
Issued by

批准人签名：
Approved by

发证日期：2015年 12月 20日
Issued on

有效期至：2020年 12月 19日
Valid to

国家质量监督检验检疫总局

国质检量函〔2010〕496号

关于授权建立国家电能表型式评价实验室（电力）的通知

国家电网计量中心：

根据《计量器具新产品管理办法》的规定和总局《关于做好计量器具新产品型式评价实验室计量授权工作的通知》（国质检量函〔2005〕998号）要求，现授权你中心为“国家电能表型式评价实验室（电力）”并颁发计量授权证书（授权项目、证书编号、专用章编号见附件），即日起可开展相关工作。

附件：国家电能表型式评价实验室（电力）授权项目

图 3-4　授权证书

知识链接

《计量法》对计量器具的检定、制造、修理、销售、使用以及监督管理的明文规定；电能表是必须接受强制检定的计量器具之一。

检定工作的强制性体现在：①由法定计量检定机构或者授权的计量技术机构强制执行；②定点、定期送检；③按国家规程检定；④接受国家监督抽查。

3. 国际通行做法

（1）电能表历来都是各国政府强制检定的计量器具；

（2）对电能表监管，包括发达国家在内：电力公司依据政府的授权开展检定工作，同时接受政府监督；

（3）电力公司的技术机构负责管理贸易结算用电能表并承担相应的法律责任。

“原来是这样的呀”，冯大妈像是明白了许多地感悟道。

李老师则进一步说出了自己的体会：“具体的检测任务当然还是由专业技术能力更强的机构去承担更为合理，这样才是‘人尽其才，物尽其用’，资源最大化地合理应用。只要计量中心能够以公正、权威的非当事人身份，根据有关法律、标准或合同开展检测活动，那么就不存在什么裁判员、运动员的问题了。所以，老百姓的全部期望就都拜托政府的监管了。”

最后，小张总结道：“计量中心承担检定任务，是法律赋予的重任；计量中心本着对社会高度负责的态度，代为政府监管电能表，同时接受政府的监督。”

3.3 呵护一生

3.3.1 探营——电能表企业

由于我国智能电能表产品完成了标准化设计，产品要求高度统一，这为电能表企业实现大规模的智能化生产奠定了基础。

为了确保智能电能表产品质量，可以用几个词汇高度概括我国电能表生产企业的现状：精心设计、自动化加工、智能化调试、自动化检定、全程品质监控。

1. 精心设计

使用各种计算机辅助设计软件、应用程序数据库、元器件标准化库等现代化工具，完成印刷线路板的自动布线，抗干扰优化设计，以及系统程序、功能模块的设计。

2. 自动化加工

采用最先进的贴片设备、回流焊炉、波峰焊炉、光学检测设备，完全自动化地完成电子元器件的贴装、焊接以及线路板贴装质量的检测。

3. 智能化调整、测试

对组装好的模块进行自动检测。

（1）光学自动检测贴片加工质量。

（2）专用针床检测功能模块。

（3）误差调试智能化：产品通过全自动传输线和机器人的分配，自动到达调试

工位；调试设备自动加载，数据自动采集、分析；系统设定的调整目标：误差 = 0；调整过程无人工干预。

4. 自动化检定

产品通过全自动传输线和机器人的分配，自动到达检测工位；检测设备自动加载，完成规定的检测；生成的数据实时上传；不合格品自动剔除、归集。

5. 自动加封印

智能电能表检定合格后由自动封印机编号、加封，准予出厂。

通过二维码、射频卡（RFID）等信息介质，全程跟踪产品生产过程。

企业运用先进的企业资源计划（ERP）系统管理平台，在企业中形成以计算机为核心的闭环管理系统，使企业的人、财、物、供、产、销全面结合、全面受控、实时反馈、动态协调、以销定产，降低成本。

焦点访谈

听完小张工程师的讲解，小王讲起了自己的经历。

“不久前我在电视上看了CCTV1的《焦点访谈》节目对杭州华立集团公司的采访报道，其中有很多该厂的生产镜头。现在的电能表生产企业已经今非昔比，大量采用了智能化、数字化生产制造技术，最大限度地实现了无人化、少人化加工。”

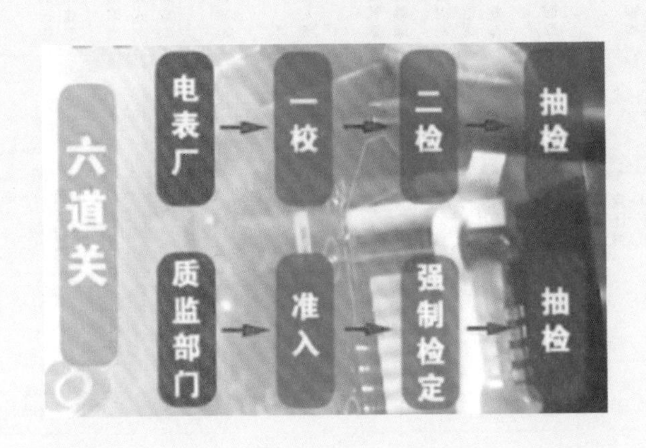

3.3.2 揭秘——计量中心

由于是居民们感兴趣的话题，大家的话匣子一下就打开了。

1. 管理要点

：“政府从电能表产品的生产资质开始，对生产过程及产品出厂层层监管，信息公开透明，管理真的很严格，出厂产品的质量应该可以放心了。可是运行中的5亿多只电能表，都由电力公司采购、管理，政府怎么监管呢？”

：“这是个在用智能电能表品质监管的核心问题。首先，电力公司负责电能表产品质量管理的对口技术部门是计量中心。按照国际通行做法，国家/地方政府计量行政部门以政府授权的形式，将电表品质监督管理的具体技术工作委托给计量中心实施；政府对被授权计量中心的人才、设备以及管理体系实施全面监督。”

：“大道理我们明白了，具体做法是什么呢？”

：“计量中心是以‘计量资产全生命周期管理’的理念对电能表实施具体管理的。下面就与大家聊聊这个话题。”

（1）“计量资产全生命周期管理”——为确保零质量事故，严控每一个环节。

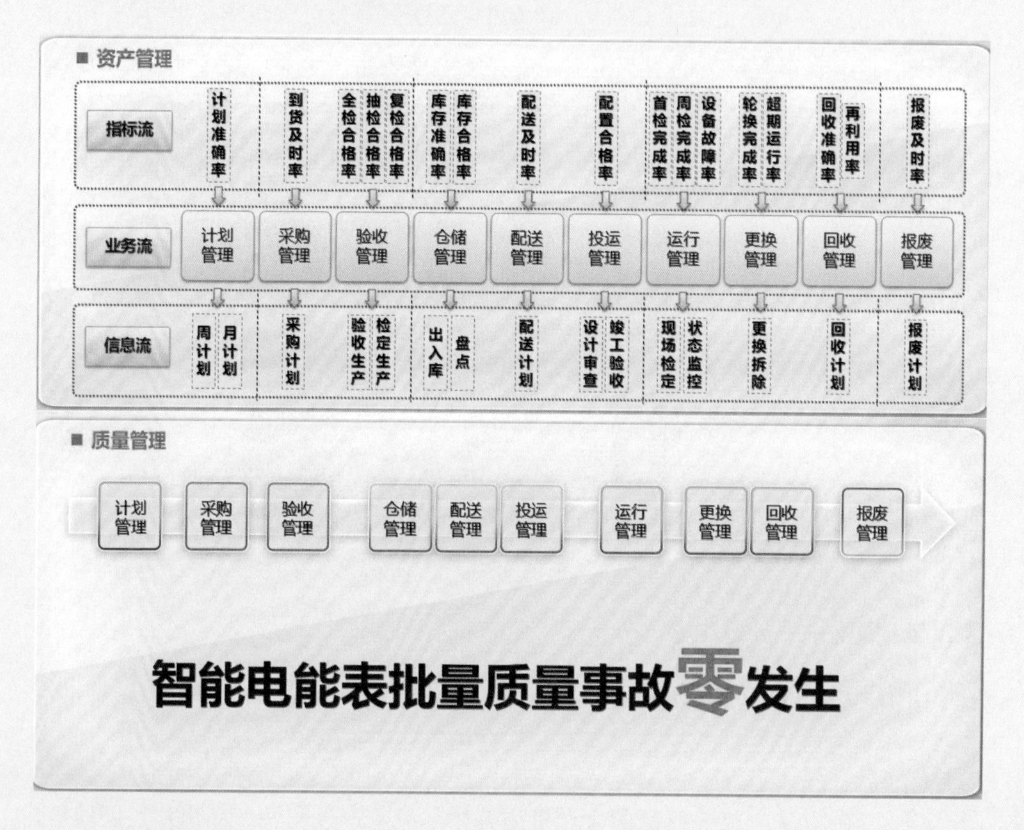

1）新采购的每一只电能表从其入库开始，一直到报废，整个过程中的每个环节都处于监管受控状态；

2）管理要素涵盖与电能表有关联的：人员、设备、地点、日期、时间、数据、结论以及被监管 / 抽查的记录等；所有信息自动录入系统，无人工干预。

（2）专用封印——防止非法打开电能表，确保电能表品质、安全。

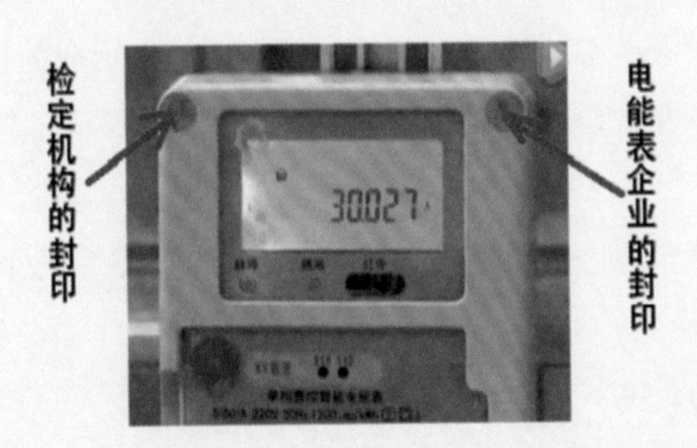

- 检定合格的电能表，计量中心会在电能表左上角施加专属封印。
- 左右两个封印是界定电能表生产企业和检定机构之间法律责任的标识，即：电能表企业对加封产品的性能、质量负责；检定机构通过施加专用封印认定电能表符合国家技术标准的要求，是合格产品，准予使用。

（3）接受监管——代为行使电能表的检定、管理职责，接受政府监督。

- 计量中心必须接受国家 / 地方政府的考核并获得政府授权。
- 计量中心的授权资质、人员、设备、管理体系都必须接受地方部门的监管。
- 无论是检定合格的或是在用的电能表都必须接受国家 / 地方政府的监督抽查。

（4）地方政府定期公开发布监督抽查信息。

国家 / 地方政府会利用其官方网站和其他媒体向公众公布电能表质量监督检查的结果，供各类用户服务。

接着，小张工程师饶有兴趣地说道："为了普及计量法制知识，做到检定工作公平、公正、公开，江苏、湖南等许多省的计量中心面向公众开放，民众通过预约可以实地参观、学习，同时接受用户们的监督、检查。"

2. 管理流程

目前国家电网公司所属各计量中心相继建设、完成了全智能化的智能电能表仓储、自动检测、生产调度、产品配送以及用电信息采集系统的建设，为智能电能表全生命周期管理工作打下了坚实的基础。那么，计量中心的品质全程监管工作究竟是怎么做的呢？

（1）到货信息录入：通过对 RFID 卡的自动识别或条形码的扫描，逐一将到货产品的编号、品名、规格、参数以及整箱产品的数量等出厂信息自动录入计量中心的 ERP 系统。

（2）入库：完成信息录入的电能表，由机器人将其装入电能表周转箱；自动传输线或 AGV（自动导航）小车把周转箱送到立体仓库；自动堆垛机按照系统指令把入库产品送入指定的仓位，待检。

（3）出库：根据计量中心的生产调度安排，立体仓库的自动堆垛机从指定仓位调出电能表，通过自动传输线或 AGV 小车把出库产品送到检测车间。出库过程中，通过对智能周转箱、射频身份卡的管理，实现对电能表及其出库轨迹的全程跟踪。

（4）受检：机器人把待检电能表逐一送入检测工位，检测设备按检测要求自动加载、测试、输出检测数据。

（5）分拣：根据检测结果，合格品、不合格品被分别归类并自动进入后续工序。

（6）封印、贴标：专用自动化设备给检测合格的电能表施加封印、粘贴合格标签。贴标后的产品，送入指定仓位，备用。

（7）出库周转、派送：根据计量中心生产调度安排，立体库的自动堆垛机从指定仓位调出电能表并装入电表周转柜，专业物流公司将电表派送到指定地点。

（8）安装：安装人员在现场安装电能表的同时将用户姓名、地址等信息与电能表条形码绑定在一起，并传送到主站管理系统。

（9）抽查：抽样待查的电能表会依据主站系统中保存的电能表信息，在相应的仓位或现场提取，然后接受后续的入库、受检等一系列流程。

（10）用电信息采集系统：智能电能表投入使用后，每一家电能表的工作状态会及时上传到电力公司，另外，通过主站管理系统会向用户推送各种便民服务。

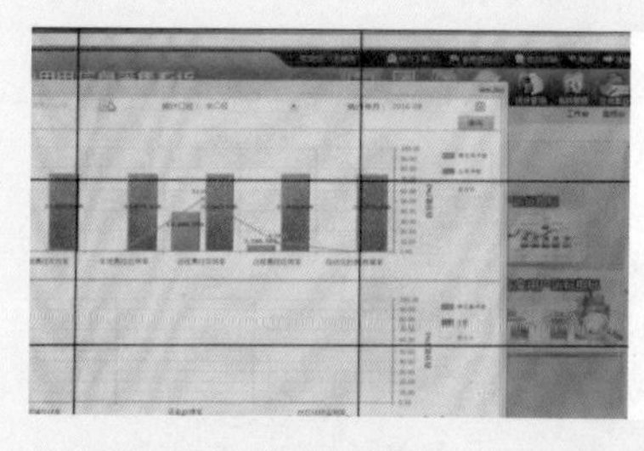

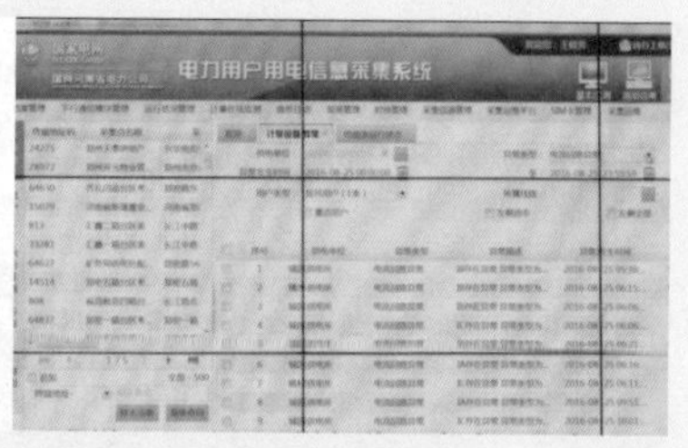

（11）主站管理系统：在生命周期内，系统会动态跟踪智能电能表的流向，安排相关人员及时处置出现问题的电能表。

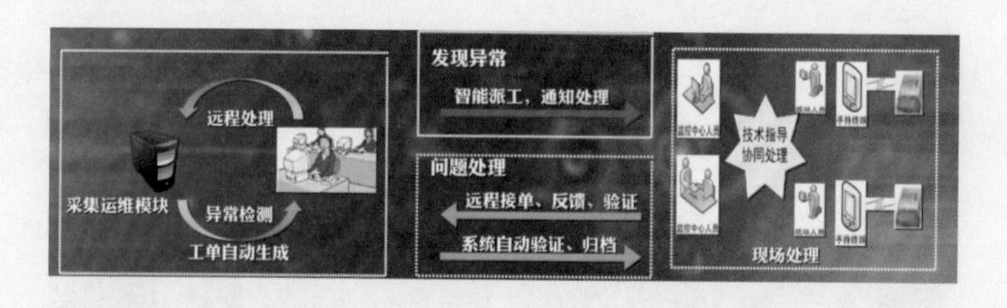

（12）回收报废：主站管理系统根据每只电能表的综合信息，判定其品质及可靠性水平，对于需要报废的电能表，走最后的报废流程，结束其历史使命。

冯大妈听了介绍后，赞叹地点点头说：“这可真是 360° 全程无死角监管到位啊！”

揭秘计量中心

“向大家爆料一个信息”小王紧接着补充道，“江苏大蓝鲸广播平台专题报道过江苏计量中心。看了报道后，对我的冲击太大了，实在是没有想到电力中心的建设水平如此先进。偌大的检测车间内，几乎看不到人，设备运行、电能表流转全部智能化，太让人振奋了，这样的机构足以让人放心。”

知识链接

1. 计量认证

计量认证是中国法制计量管理的一项重要内容；是对为国内提供公证数据的产品质量检验机构的强制性核准制度；

- 中国国家认证认可监督管理委员会负责考核、发证；
- CMA是中国计量认证标识，只有取得计量认证资质的第三方检测机构，才允许在检验报告上使用CMA标识；印有CMA标识的检验报告在国内具有法律效力。

检验检测机构

资质认定证书

编号：180021112767

名称：国家电能表质量监督检验中心（浙江）

地址：浙江省杭州市江干区下沙路 300 号(310018)

经审查，你机构已具备国家有关法律、行政法规规定的基本条件和能力，现予批准，可以向社会出具具有证明作用的数据和结果，特发此证。资质认定包括检验检测机构计量认证。

检验检测能力及授权签字人见证书附表。

你机构对外出具检验检测报告或证书的法律责任由 浙江省计量科学研究院 承担。

许可使用标志

CMA

180021112767

发证日期：2018 年 06 月 26 日

有效期至：2024 年 06 月 06 日

发证机关：

本证书由国家认证认可监督管理委员会监制，在中华人民共和国境内有效。

2. 实验室认可

（1）属于自愿性认证体系；通过国与国之间的认可机构签订相互承认协议，相互承认对方国具有认可资质的检验机构 / 实验室出具的证书或报告，规避重复检验，消除贸易技术壁垒，促进国际贸易；

（2）中国国家认证认可监督管理委员会批准设立并授权中国合格评定国家认可委员会（CNAS）负责检验机构 / 实验室的认可和发证；

（3）获得认可的检验机构 / 实验室出具的检测报告允许加盖 CNAS 和 ilac-MRA（ILAC-MRA：国际实验室认可合作组织 - 多边承认协议）的印章，出具的数据国际互认。

中国合格评定国家认可委员会

检验机构认可证书

（注册号：CNAS IB0554）

兹证明：

中国电力科学研究院

北京市海淀区清河小营东路 15 号，100192

符合 ISO/IEC 17020：2012《各类检验机构运行的基本准则》（CNAS-CI01《检验机构能力认可准则》）A 类的要求，具备承担本证书附件所列检验服务的能力，予以认可。

获认可的能力范围见标有相同认可注册号的证书附件，证书附件是本证书组成部分。

签发日期：2016-05-23

有效期至：2022-05-22

初次认可：2016-05-23

中国合格评定国家认可委员会授权人

第四章

亲密接触

场 景

居民冯大妈与邻居朋友在海南度假，收到电力公司发来的电费续费提醒短信，情急之下，冯大妈给供电公司的小张工程师打了个电话。

“小张，今天我收到了续费短信，但是我现在在外地，家中冰箱里还有东西呢，千万不能没电呀，你有什么办法吗？”

“您别着急，办法有很多，目前最简单的可以打服务热线电话求助；方便时您可以下载‘掌上电力 APP’或通过电力公司官方网站 www.sgcc.com.cn 续费。具体使用办法我会通过微信群发给大家的。”小张有条不紊地回复道。

4.1 一“网”情深

为了方便电力用户，电力公司借助各种媒体、手段为用户提供便民服务，包括：24 小时服务电话 95598，官方网站 www.sgcc.com.cn，以及“掌上电力”APP 等。

不过最重要的是，为了能高效地获得服务，用户最好能牢记自家的 10 位数字“客户编号”。

4.1.1 牢记“客户编号”

“客户编号”是一个经常要用到的电力用户基本信息。获取“客户编号”的途径有如下三种。

（1）在电力公司提供的电费发票上查阅缴费用户的“客户编号”（见图 4-1）。

（2）在银行等代售电网点提供的电费发票上查阅“客户编号”（见图 4-2）。

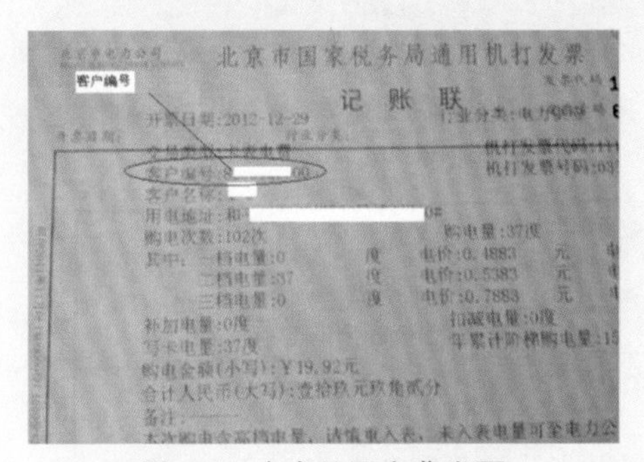

北京市国家税务局通用机打发票

记 账 联

开票日期：2012-12-29

客户编号：

客户名称：

用电地址：

购电次数：102次　　购电量：37度

其中：一档电量：0　度　电价：0.4883　元

二档电量：37　度　电价：0.5383　元

三档电量：0　度　电价：0.7883　元

补加电量：0度　　扣减电量：0度

写卡电量：37度

购电金额(小写)：￥19.92元

合计人民币(大写)：壹拾玖元玖角贰分

备注：

图 4-1　电力公司电费发票

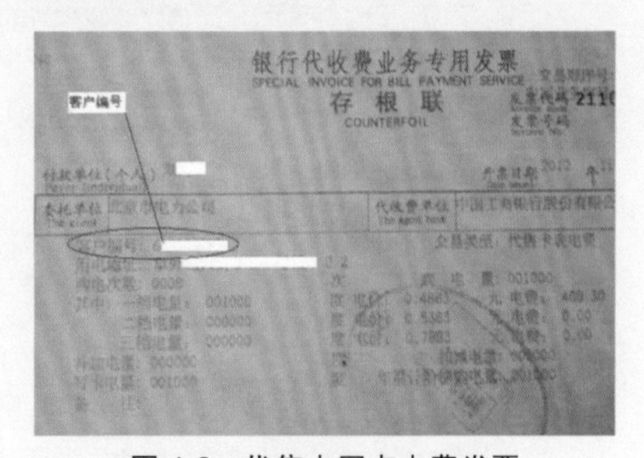

银行代收费业务专用发票

SPECIAL INVOICE FOR BILL PAYMENT SERVICE

存 根 联

COUNTERFOIL

付款单位(个人)

委托单位　北京市电力公司

代收费单位　中国工商银行股份有限公司

客户编号：

图 4-2　代售电网点电费发票

（3）在《居民客户用电登记表》或《购电证》上查阅“客户编号”（见图 4-3）。

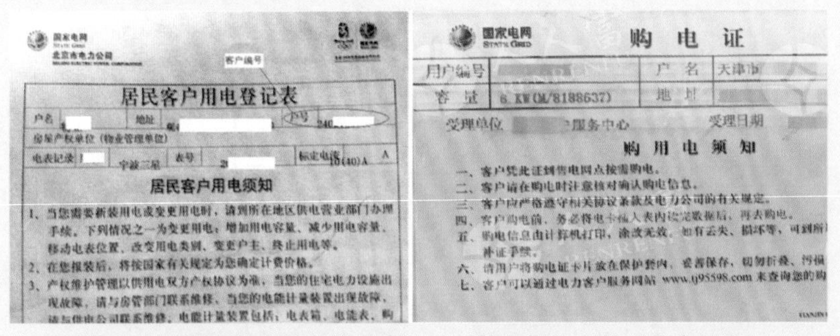

国家电网

北京市电力公司

居民客户用电登记表

户名　地址　户号

房屋产权单位（物业管理单位）

电表记录　表号　标定电流 10(40)A

居民客户用电须知

1、当您需要新装用电或变更用电时，请到所在地区供电营业部门办理手续。下列情况之一为变更用电：增加用电容量、减少用电容量、移动电表位置、改变用电类别、变更户主、终止用电等。

2、在您报装后，将按国家有关规定为您确定计费价格。

3、产权维护管理以供用电双方产权协议为准，当您的住宅电力设施出现故障，请与房管部门联系维修，当您的电能计量装置出现故障，请与供电公司联系维修。

国家电网 STATE GRID

购 电 证

用户编号　户 名　天津市

容 量　8 KW(M/8188637)　地 址

受理单位　受理日期

购用电须知

一、客户凭此证到售电网点按需购电。

二、客户请在购电时注意核对确认购电信息。

三、客户应严格遵守相关协议条款及电力公司的有关规定。

四、客户购电前，务必将电卡插入表内读完数据后，再去购电。

五、购电信息由计算机打印，涂改无效。

六、请用户将购电证卡片放在保护套内，妥善保存，切勿折叠、污损。

七、客户可以通过电力客户服务网站 www.tj95598.com 来查询您的购

图 4-3　《居民客户用电登记表》或《购电证》上的“客户编号”

4.1.2 无处不在的服务热线

95598 是电力公司专属的 24 小时全天候的综合供电服务热线电话；即便身处异地，在 95598 前加拨区号，同样可以获得用户所属地电力公司的帮助。使用时，用户只要按照语音提示，一步一步地操作，就可以方便地获得属地电力公司的服务了，非常简单、方便；不过，这个服务用户需要支付电话费。

4.1.3 丰富多彩的官方网站 www.sgcc.com.cn

与单调的语音服务相比，网站则可以获得更为丰富的视觉 + 文字服务。单击图 4-4 中所示的“在线服务”菜单下的“客户服务”链接，即可进入“95598 智能互动网站 - 个人与家庭首页”。

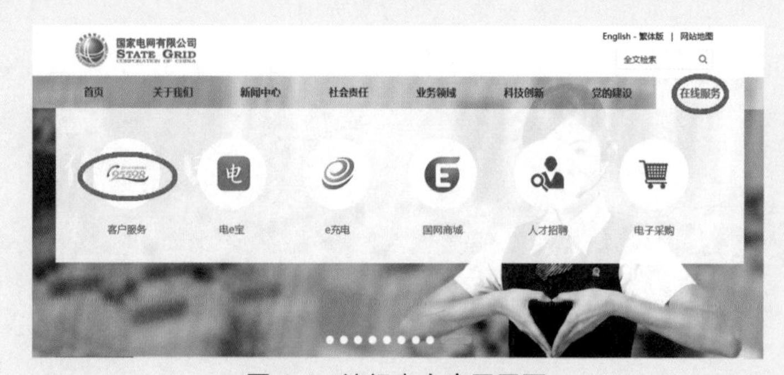

图 4-4　访问电力官网网页

单击图 4-5 中的“总站”，选择需要访问电力公司的属地省市（例如：“北京”），然后单击“注册”，进入注册页面，如图 4-6 所示。

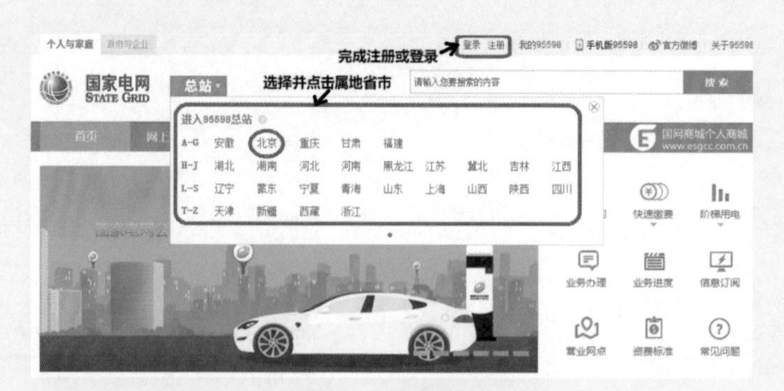

图 4-5　选择属地

图 4-6 网站注册

1. 注册步骤及要求

（1）“网站账号”：自行设定专属自己的“网站账号”，由 6~12 位字符（包含字母、数字）组成，必须以字母开头。

（2）“设置密码”：建议由大小写字母和数字构成，请牢记，不要外传；密码的复杂性决定了保密程度的强弱。

（3）键入设定的密码，完成“确认密码”。

（4）“所属地区”：无论是为自家还是亲朋好友注册，都需要正确填写、选择相应的属地。

（5）“详细地址”：用户电能表安装地的地址。

（6）“联系人”：通常是户主姓名。

（7）“验证码”：正确键入右面彩图中的验证码；如果验证码不清晰，可单击彩图更换。

（8）单击《95598 网站服务条款》，认真阅读后，勾选“您已阅读并同意”，完成注册。

（9）页面出现“恭喜你，注册成功！”后，可以单击下方的“立即登录”按钮，登录访问“个人与家庭网页”。

2. 登录信息的填写

（1）将注册时的信息按要求逐一填入图 4-7 所示登录页面中的第一、第二栏。

图 4-7 登录页面

（2）第三栏填写右侧彩图中的验证码。

（3）点击“登录”后，进入图 4-8 所示的“个人与家庭网页”。

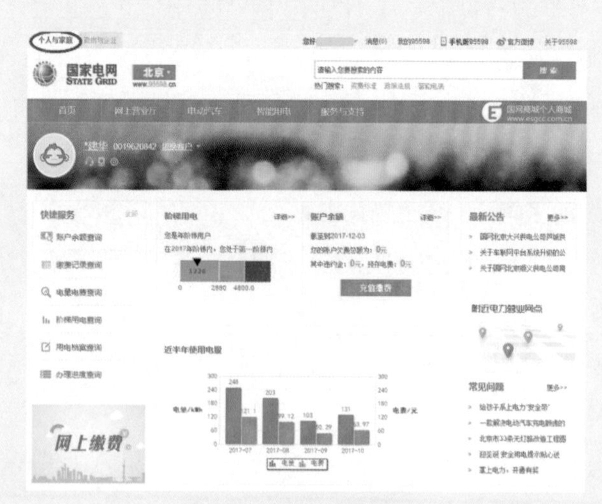

图 4-8 个人与家庭网页

进入图 4-8 所示页面后，无论是上部的菜单条，左侧的快捷服务链接，中部的彩色图还是右侧的公告网点信息，满屏都是与居民用电密切相关的信息。让我们单击“网上营业厅”，如图 4-9，看看其中的服务吧。

图 4-9 网上营业厅网页

网页上满满的都是我们日常用电可能会用到的各种服务与需求。

主要的服务项目包括：①用电查询；②电费缴纳；③业务办理；④信息订阅；⑤服务开通。

用户可以根据需要单击相应的按钮或菜单，例如单击“网上缴费”或“预存电费”按钮，马上就会进入缴存电费页面，便利地完成缴存电费业务。如果关心用电信息，把光标移动到左侧的“用电查询”按钮，各种查询服务内容便会一览无遗，用户可以选择感兴趣的内容点击进入。另外，用户除了可以了解自家的用电情况外，还能够方便地订阅信息、开通服务、申请报修等业务。

4.1.4 便利的“掌上电力”APP

在移动网络时代，最为便利的应用莫过于手机 APP。“掌上电力”就是一款电力公司为用户量身定制的 APP。

1. 下载“掌上电力”手机 APP 的步骤

（1）在“95598 智能互动网站—个人与家庭首页”单击“手机 95598”链接，用手机扫描电力公司官方二维码（见图 4-10），即可完成“掌上电力”的下载。另外，也可以从印有电力公司官方二维码的各类宣传材料上完成扫描、下载。

（2）按照提示进行安装。安装成功后，手机屏幕上将出现“掌上电力”的图标。

图 4-10 官方二维码页面

2.“掌上电力”手机 APP 的注册、登录步骤

（1）单击“掌上电力”APP，进入首页（见图 4-11），单击右上角的“登录”进行登录。

（2）对于新用户，首先需要完成注册；单击图 4-12 中的“立即注册”，并填写各栏（见图 4-13）。其中：

1）“用户名”：自行设定，由 6~20 位字母或字母与数字组合构成。

2）“手机号码”：填写在电力公司已注册且与自家电表绑定的手机号码。

3）“验证码”：点击“获取验证码”，并将获取的代码填入验证码栏中。

4）“登录密码”：自行设定，由 8~20 位字母数字组合构成。

5）勾选“您已阅读并同意 注册协议”，点击“注册”，完成“掌上电力”APP 注册。

如果用户已经在电力官网中注册，建议 APP 中的“用户名”“登录密码”以及“手机号码”沿用官网中已注册的个人信息，无须重新设置。

（3）完成注册后，可以直接登录；也可返回图 4-14，在“用户名 / 手机号”栏中填写已注册的用户名或手机号，完成登录，进入“掌上电力”用户页面。

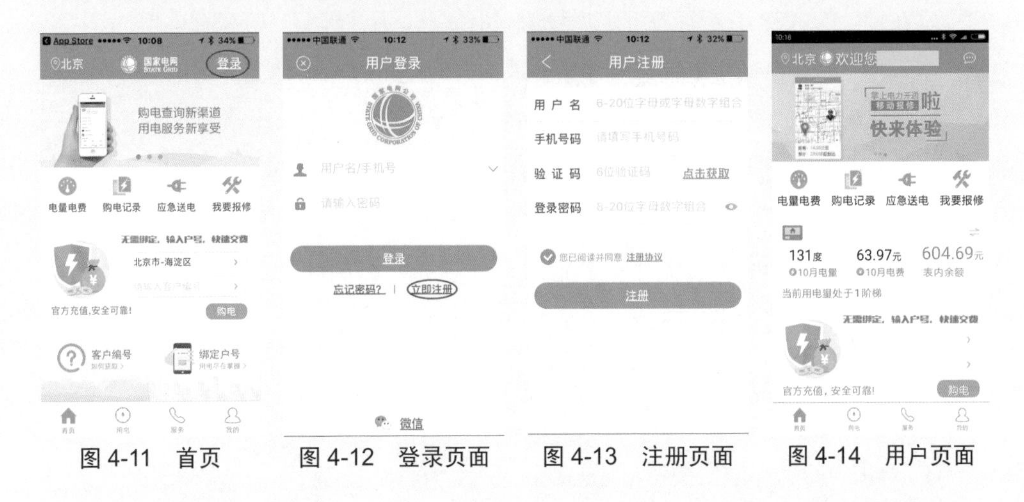

图 4-11　首页　　图 4-12　登录页面　　图 4-13　注册页面　　图 4-14　用户页面

用户页面除了呈现一些主要的用电信息外，还有“电量电费”“购电记录”“应急送电”“我要报修”等查询、服务类的菜单。单击相应的菜单，便可以获得进一步的服务。上下滑动“用户页面”，可以获得“购电”“电 e 宝”“电与生活”等丰富多彩的服务。

另外，屏幕下方的图标条中的4个图标，分别是“首页”“用电”“服务”“我的”。单击进入后，可以发现更多的服务内容。

4.2 用电好伴侣

4.2.1 其乐融融——绑定户号 & 户号共享

热热闹闹的网站链接、APP应用有些让人应接不暇。其实，对于大部分用户来说，居家用电最常用、最关心的功能莫过于缴存电费。一趟趟地往返营业厅、银行或网点柜台实在不方便，更何况还可能有需要关照的不在身边的老人、亲属，也许有些志愿者希望为失能人群、五保户、低保户等奉献爱心，抑或用户在异地有房产，总之，电费缴存之痛不解决，用户用电的幸福感就会大打折扣。

“绑定户号”和“户号共享”是非常值得推荐给大家的功能，通过户号绑定，用户可以在自己的APP上了解被绑定户号的用电信息，为被绑定户号缴存电费；而“户号共享”则是将自己的用电信息分享给他人，同时也可以获得他人的帮助。

激活“绑定户号”功能的步骤如下：

（1）参看图4-11，单击屏幕右下角“我的”图标，进入图4-15（a）页面，单击“绑定户号”图标。

（2）在“绑定户号”页面［见图4-15（b）］，可以看到已绑定的户号；除去自家的户号外，还可以再绑定4个户号；单击“绑定户号”按钮。

（3）在图4-15（c）中可以看到有两种绑定新户号的途径，即：

1）快捷绑定。

① 单击“快捷绑定”按钮；

② 单击“检测与手机号匹配的户号”按钮，APP将自动检测在电力公司注册了相同手机号的所有客户编号，若检测到手机号匹配的客户，则APP会自动完成快速绑定。

2）手动绑定。

① 单击“手动绑定”按钮，进入“手动绑定”页面［见图 4-15（d）］；

② 正确填写待绑定用户的“客户编号”；

③ 正确填写待绑定用户的“查询密码”；待绑定用户的“查询密码”可以通过向 95598 发送短信、登录网站或拨打 95598 热线获取；

④ 单击“确定”按钮，完成户号绑定。

（4）返回图 4-15（b），单击“完成”按钮，完成户号绑定设置。

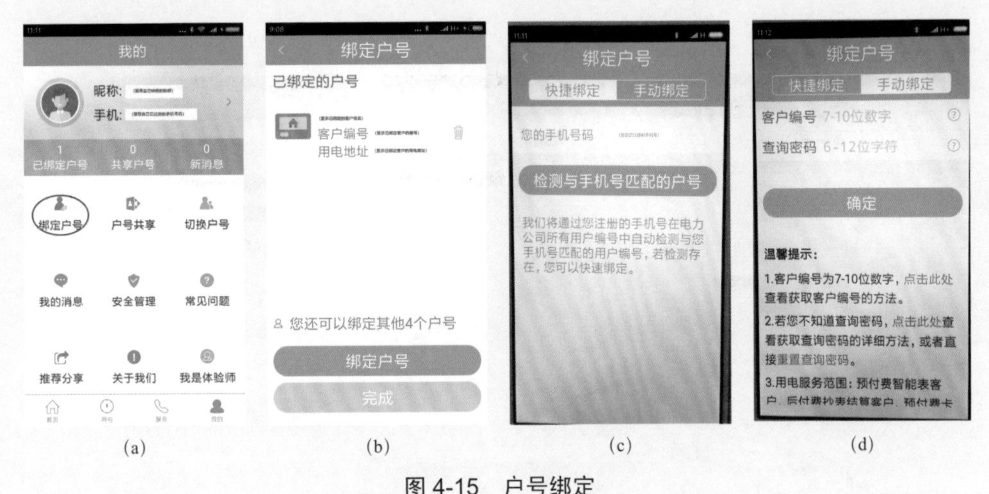

(a)　(b)　(c)　(d)

图 4-15　户号绑定

(a)“我的”页面；(b) 绑定户号；(c) 快捷绑定；(d) 手动绑定

当需要与亲友分享自己的户号时，可在“户号共享”页面下，输入亲友的手机号就可以轻松与他（她）分享用电信息了；当然，共享的亲友必须在“掌上电力”注册过才行。

4.2.2 指尖上的功夫——轻松购电

1.“掌上电力”APP 购电 / 缴费步骤

由于手机的普及，所以利用“掌上电力”APP 缴存电费最方便不过了。

（1）单击“掌上电力”图标，进入 APP 首页。

（2）在首页的购电窗口［图 4-16（a）］中单击“选择欲购电用户属地”右侧的箭头，确定属地。

（3）在“输入客户编号”栏中填写待充值电能表的“客户编号”。

（4）单击“购电”按键，进入支付页。

（5）选择支付方式和支付金额，例如：勾选支付宝、50 元，如图 4-16（b）所示。

（6）单击“下一步”按钮。

（7）确认客户编号、客户名称、支付方式、支付金额无误后，单击“确定”按钮，完成支付，如图 4-16（c）所示。

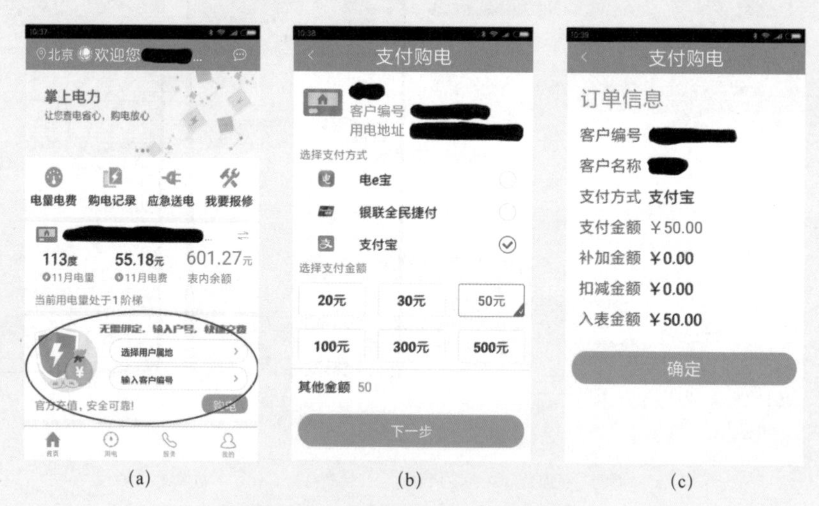

(a)　(b)　(c)

图 4-16 “掌上电力”APP 购电

(a) APP 购电窗口；(b) 选择支付方式；(c) 完成支付

2. 典型的购电和缴费渠道

尽管各省购电、缴费业务的受理方式会有些差异，但总的来说基本相同。以北京为例，购电和缴费的渠道和方式主要有以下几种。

（1）快捷支付

快捷支付有“掌上电力”APP、各地市微信公众号和支付宝三种渠道，如图 4-17 所示。

掌上电力

服务时间：24小时
支付方式：目前已开通银联在线支付
使用方法：下载安装"掌上电力"APP，注册后根据提示操作。

"国网北京电力"微信公众号

服务时间：24小时
支付方式：目前已开通银联在线支付
使用方法：关注"国网北京电力"微信公众号，点击"我的用电"后，按照提示操作。

支付宝

服务时间：24小时
支付方式：以支付宝支持的支付方式为准
使用方法：通过电脑或手机，进入支付宝主页并登录账号，点击"生活缴费"，按照提示操作。

图 4-17　快捷闪付

（2）足不出户

通过 95598 智能互动网站、电话银行和有线电视，也能实现购电和缴费，如图 4-18 所示。

95598智能互动网站

服务时间：24小时
支付方式：中国银联（目前已支持工商银行、农业银行、建设银行、交通银行、招商银行等215家银行借记卡的交费购电业务。）
使用方法：中国银联登录95598智能互动网站（网址为http://www.sgcc.com.cn），进入"客户服务"模块，按照提示操作。

电话银行

服务时间：24小时
支付方式：目前已支持北京农商银行存折和储蓄卡支付。
使用方法：在北京农商银行柜台开通电话银行业务后，拨打96198客户服务热线，按照语音提示操作。

有线电视

服务时间：每天8时至20时。
支付方式：使用中国邮政储蓄的银行卡或存折，通过歌华有线电视机顶盒支付。
使用方法：打开电视界面"公共服务"栏目中的"电视银行"，进入"生活缴费"，按照提示操作。

图 4-18　足不出户

（3）实体网点

通过供电营业厅、电费代收机构和自助交费终端这些实体网点，也能实现购电和缴费，如图 4-19 所示。

图 4-19　实体网点

（4）临时应急

因未及时预存电费导致停电，也可通过拨打 24 小时服务热线 95598，申请电费充值卡或远程应急送电来临时应急，如图 4-20 所示。

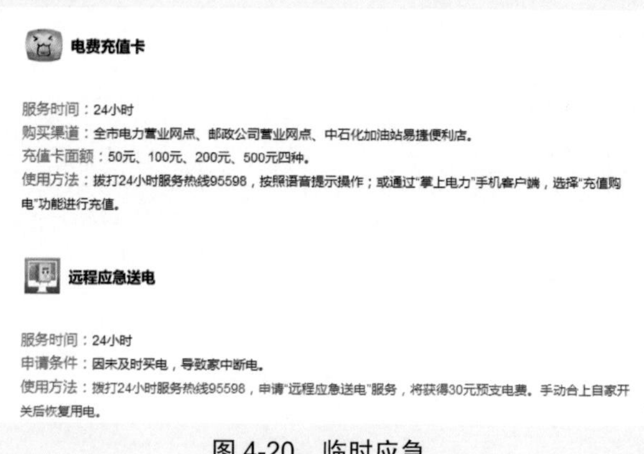

图 4-20　临时应急

4.2.3 自家的大数据——APP 改变生活

随着用电的普及，以及居民用电量的逐年增长，看似家常便饭的家庭用电，里面却蕴藏着许多理家的玄机。“掌上电力”APP 和官方网站全面地展现了居民用户的用电数据和信息，在信息时代，这些可都属于千金难买的大数据，是各家各户的用电管家哟。

所谓用电管家，不仅在于它归集了自家的用电信息和电费支出，例如：总用电量、阶梯电量、峰谷电量、电费开销、电费余额、购电记录、煤改电补贴等，用户还可以随时随地地完成充值、购电，业务申请等自助服务，可以获取用电知识、法律法规、节能、充电桩等信息，甚或提出批评建议。

另外，只要对用电数据稍加分析，就可以发现家中是否有漏电存在，是否有非法的外部负荷接入（窃电），或者电能表入户接线是否正确等问题；对实施阶梯 + 峰谷电价地区的用户来说，通过数据分析，调整用电习惯，还可以节约电费支出。

下面以“掌上电力”APP（北京地区）为例予以介绍。

掌上电力官方 APP

1. 基本应用

用户完成“掌上电力”注册后，单击手机屏幕上的“掌上电力”图标，就会直接进入“掌上电力”应用页面（图 4-21）。在应用页面首页的最下方，有 4 个应用板块，分别是“首页”“用电”“服务”“我的”。

“首页”板块为用户准备了 4 个使用频率最高的应用“电量电费”“购电记录”“应急送电”和“我要报修”；单击相应的图标，即可获得对应服务；此外，页面上还有用户上月的主要用电数据与信息；在这个页面用户还可以完成快捷交费。

在“用电”页面，除去上月和本年度的电量电费数据外，还有“支付购电”“充值购电”等7项与居民客户关联紧密的应用。

在“服务”页面，有7项服务内容，用户可以从中获取有用的知识和信息，同时，可以寻求咨询、在线客服，或者投诉举报。

在“我的”页面，用户激活“绑定户号”“户号共享”“切换户号”功能后，可以为亲友购电、交费，即便他们身处异地，也如同在他们身边一样的便捷。

这么多的应用，是不是感到非常便利、贴心呢？如果用户有进一步的需求，也可以通过“在线客服”，或者“我要咨询”“我有话说”为供电公司建言献策，完善APP的服务内容、提高服务水平。

(a) (b) (c) (d)

图4-21 “掌上电力”的服务与应用

(a)“首页”页面；(b)“用电”页面；(c)“服务”页面；(d)“我的”页面

2. 自我提升

让我们通过图4-22，来看看这些数据能够给我们提供什么样的信息。

单击图4-21（a）中的“电量电费”按钮，进入图4-22（a）所示的“电量电费”页面。在这页，文字信息展现了用户上月（11月份）的用电量、电费支出，以及与10月份统计数据的比较结果；形象化的彩图则显示出本年度已用总电量以及所处的阶梯位置，使用户一目了然。

图 4-22　用电数据的分析

单击图 4-22(a)下方的“历史用电 详情 >”，可以看到用户近三年的年度电量电费，以及月度电量电费。图 4-22（b）~ 图 4-22（d）依次是 2015 年、2016 年和 2017 年的数据。图中的用户 2015 年全年属于正常用电；2016 年 8 月份因用户家中装修，用电量达到 307kWh，高于 2015 年和 2017 年该月份正常用电水平；而 2017 年 5 月底 ~ 7 月初因用户外出，6 月份全月没有用电发生。

小张工程师在微信中给大家卖了一个关子，请小区的群友们从图 4-22 中提炼出有价值的信息，参与者人人有红包。这一下子引爆了群聊圈，各式各样的神回复都有。归纳起来，正确的分析结论有：

（1）无论是月度还是全年，该用户的用电量和电费支出都呈上升趋势。

（2）鉴于 2017 年 6 月的数据，该用户家中不存在漏电现象。

（3）该用户线路中没有外部非法用电侵入。

（4）该用户电能表入户线路接线正确。

小张工程师非常高兴地把红包分发给了积极参与的群友们，同时小张还告诉大家，登录官方网站，访问网上营业厅同样可以获得与“掌上电力”相似的用电信息。

3. 暖心的服务

看到群里热火朝天的评议，冯大妈有些失落，她给小张发信息：“我的脑子没那么好用，一大堆数据看不出什么名堂，对我意义不大呀！”

小张把图 4-23 图片发给了冯大妈，并附言道，“数据分析可以请供电公司提供定制服务。这是两张浙江省绍兴供电公司为客户提供的‘居民家庭科学用电建议书’，8 年间绍兴地区的 60 多万户按照‘建议书’的建议，累计节约了 8 亿多元的电费支出，折合每户每年节约近 170 元。”

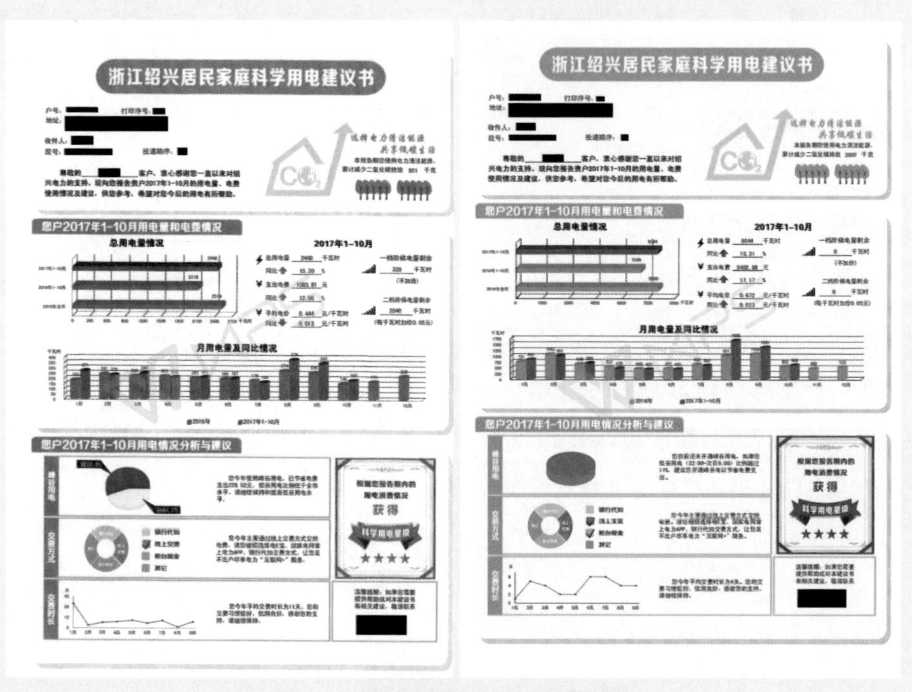

图 4-23　居民家庭科学用电建议书

小张还介绍道，浙江地区实施峰谷 + 阶梯电价，对这一类用户，多年累积的用电数据更显得弥足珍贵。通过对用电数据的分析，调整用电习惯，居民不仅很好地满足了自家的用电需求，还节约了电费支出，成为“节能达人”，享受着低碳环保的绿色健康生活。

在倡导绿色低碳生活方式的今天，“削峰填谷”作为一种新的理念，期盼着千千万万居民的参与。这种理念需要居民调整使用电器的习惯做法，将一部分电力消费转移到电网用电的低谷时段；实践中，居民的电力消费丝毫没有减少，但是对社会却做出了节能减排的贡献，政府则通过价格杠杆（谷电价）鼓励用户积极参与这项政策。

在各种类型的家用电器中，可以在低谷时段使用的电器设备有很多，如：洗衣机、电开水壶、储水式电热水器、吸尘器、扫地机器人、跑步机、空气净化器、洗碗机、电吹风、消毒柜、净水器、豆浆机、料理机、酸奶机、面包机、电动车/手机/各类充电设备等。用户通过“掌上电力”或官方网站随时可以了解自家峰谷电、阶梯电的使用数据，从而掌控电费支出。

4.3 同在一个屋檐下——水、电、气、暖“多表合一”

水、电、气、暖是与居民日常生活息息相关的公共服务商品，由于这些业务分属于水务、电力、燃气、热力公司管理，每到抄表、缴费，居民们总是满腹怨气。

这不，冯大妈又在抱怨了：“这么大岁数了，隔三岔五地不是这家公司，就是那家公司通知要抄表，然后跑银行一家一家地给他们缴费，晚了还要罚交滞纳金，整天就为这点事情忙个不停。听说很多地方在推行‘多表合一’，可方便了；不知道小张工程师能不能介绍一下？”

小张欣喜地接受了任务，为居民做了介绍。

4.3.1 “一站式”服务不再是梦

所谓“多表合一”，实际就是充分利用已有的网络资源，把电、水、气、暖等抄表、出账单、缴费以及各类服务在一个站点一次就都能完成的便民举措。

“多表合一”只是一个统称，由于我国公共服务事业发展的不平衡，各地特点不同，所以在有些地区可能会是水、电、气、暖四表资源共享，而有些地区现阶段则可能只有电、水或电、气或电、水气（见图 4-24）资源共享。这一便民工程，正在全国各地逐步推进。

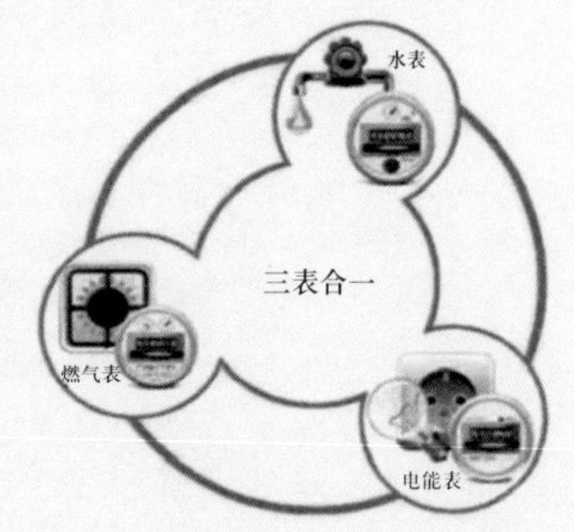

图 4-24 “多表合一”示意图

4.3.2 贴心服务才刚刚开始

上海“多表合一”

“多表合一”示范工程最具代表性的莫过于上海市。上海市将“多表合一”列为“智慧城市”建设内容、年度上海市政府办实事工程，并决心在“十三五”期间基本完成全市“多表合一”的全覆盖。

目前，上海市的移动APP、互联网等平台（见图4-25）、原有的公用事业缴费终端、企业营业厅都支持“多表合一”，使用便利。在客户端可实现查询、交费、账单一站式服务（见图4-26）。

图4-25　上海“多表合一”平台

图4-26　服务业务

“多单合一”（见图4-27）信息清晰、完整；扫码交费，既可以一次性缴费，也可以分开缴费。

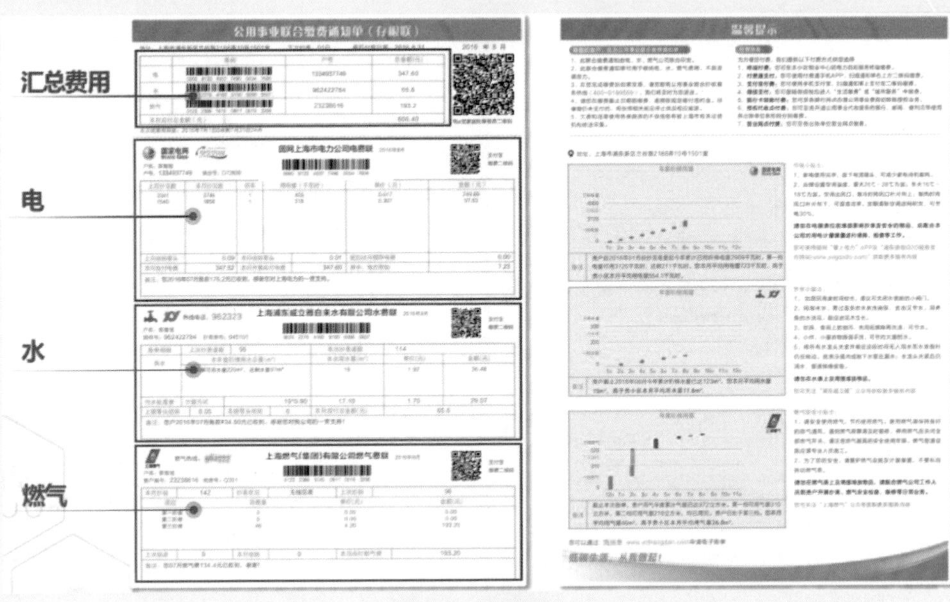

图4-27 多单合一

一站式联合交费（见图4-28），方便、快捷。

图4-28 多费合收

通过数据分析（见图 4-29），独享专业分析成果，明明白白消费，不仅能及时发现问题，杜绝跑冒滴漏，还能调整消费习惯，节能省费，低碳环保。

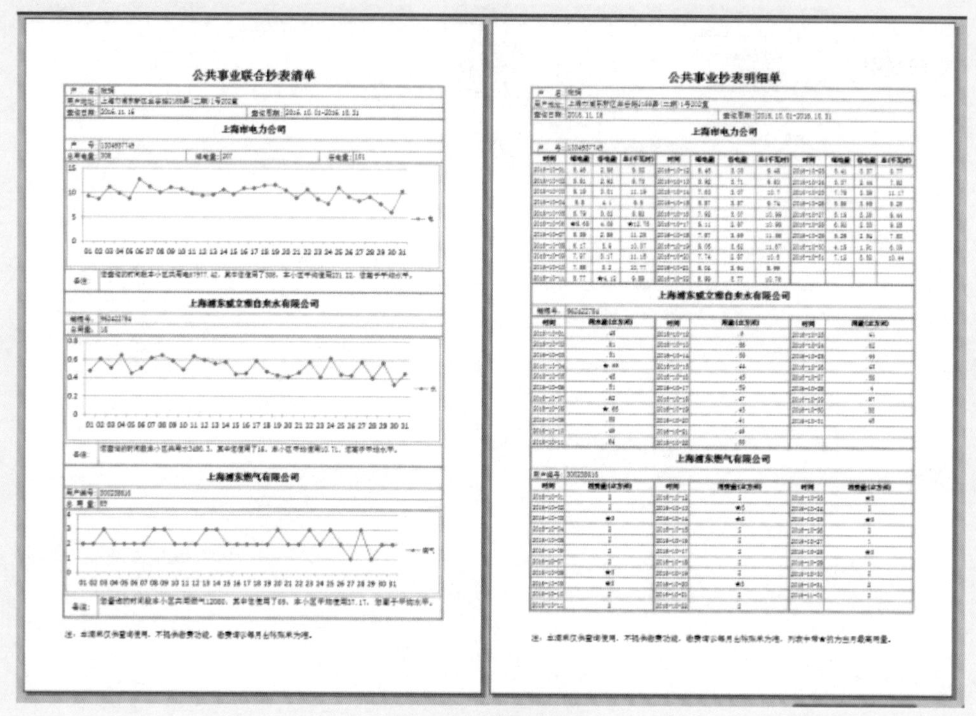

图 4-29　数据分析

4.4　依法、合规用电

相比于其他家用能源，电力具有清洁、连接布线便利、可控性强等优点。如果摸透了电的脾气秉性，这一现代家庭不可或缺的动力源泉，必定会造福千家万户。然而，电力作为商品，电能表作为电力公司和居民用户贸易结算的计量器具，居民在日常生活中若能自觉地遵守有关法律、法规的规定，这将有益于自身利益的维护。

4.4.1 违法行为

电能表的使用，大家一定要依法合规使用，切勿有以下行为：

（1）擅自迁移、更动或者擅自操作供电企业的用电计量装置。

（2）擅自破坏电能表封印。

（3）擅自侵入电能表被封闭部分。

（4）未经供电企业许可，擅自引入、供出电源或者将自备电源擅自并网。

4.4.2 申请校准智能电能表的途径

如果居民对智能电能表准确性有疑虑，可以采用下面的方式来申请校准。

（1）拨打 95598 电话；

（2）登录、访问电力官方服务网站；

（3）到营业厅登记。

接到申请后，供电公司会：

（1）预约用户；

（2）在用户见证下进行校验。

如果电能表确实有问题，供电公司将：

（1）按规定退补电费并免费更换电能表；

（2）如果用户对校验结果有异议，可向当地计量行政部门申请仲裁检定。

第五章

电能替代与节约用电

场 景

冬季快到了，幸福小区的居民们有许多亲戚居住在远郊区县，大家的话题自然而然就与冬季采暖、大气污染、煤改清洁能源联系上了。

“能源替代是我国实现可持续发展的一项重要举措，也是涉及千家万户理念转换的巨大工程。作为电力员工，我深感有义务提供一些这方面的素材，供大家参考。”小张工程师说道。

5.1 清洁、安全、高效——电能替代

近40年来，我国由于长期粗放发展，加之产业结构和能源结构不尽合理，导致大气污染问题严重，雾霾频发，治理大气污染已经成为一项刻不容缓国策。

在我国的能源消费结构中，煤炭约占70%，燃油占20%左右；在PM2.5的成分中，50%~60%来自于燃煤，20%~30%来自燃油；燃煤和燃油是大气污染的主要因素。电能在终端消费环节属于零排放，且能源转换效率高于煤炭和燃油。构建以电为中心，安全、高效、清洁、经济的能源供应体系，可以有效减少大气污染物的排放，保护环境。

电能替代是一种在终端能源消费环节，使用电能替代散烧煤和燃油的科学消费方式。实施电能替代是减少大气污染的重要举措。稳步推进电能替代，有利于提高人民群众的生活质量。

5.1.1 世界电力消费水平与趋势

（1）2014年主要国家人均生活用电量比较（见图5-1）

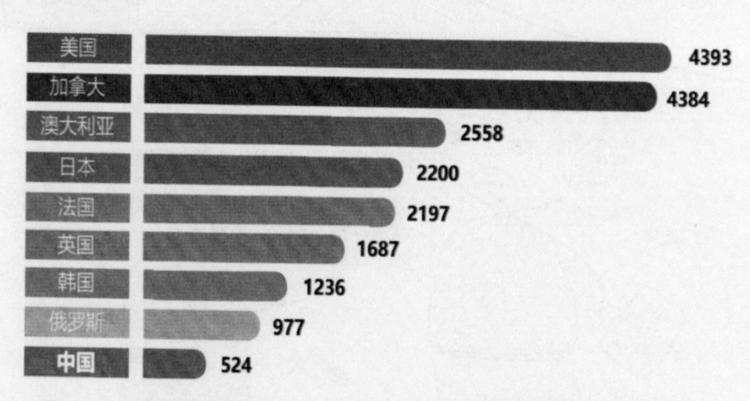

图5-1 2014年我国人均年生活用电量与主要国家的比较（kWh）

2014年我国人均年生活用电量为524kWh，是美国消费水平（4393kWh）的11.9%，日本（2200kWh）的23.8%，韩国（1236kWh）的42.4%。显然，与发达国家相比，我国居民的电力消费水平相当低。

（2）世界能源消费电气化趋势

电能是清洁高效的二次能源，图5-2表明，电能在终端能源消费中的占比将随着社会的发展稳步提升，预计全球2050年电能占终端能源消费的比重将会超过50%。

图5-2 世界能源消费电气化趋势

美国光化学烟雾事件（主要由重化工业和汽车尾气排放导致）和英国伦敦烟雾事件（主要由燃煤产生的污染物积聚引发），是20世纪中叶发达国家严重污染的两个典型。发达国家的现代化进程与环境改善方面的经验，是我国难能可贵的历史借鉴。

理工男小王像是从两张图中品味出了什么，说道："国家的现代化程度与电气化水平分不开；同时，大气环境质量的优劣也与电气化程度紧密关联啊。"

5.1.2 代步工具——电动车

燃油被广泛地使用在交通领域。包括：各类机动车、船舶、航空器以及机车。我国高铁、地铁/城铁的动力已经实现了电气化，但是交通领域以电代油的道路依然漫长。与居民密切关联的主要是私家乘用车、两轮/三轮摩托车等。

现阶段，用电作动力的私家乘用车主要有纯电动汽车、混合动力汽车和燃料电池汽车三类；另外还有各种电动助力车，如：电动独轮车/两轮车/三轮车/四轮车、电动滑板车等，为各种人群提供方便。

替代对象：燃油车。

特点：

① 由电池提供动力；

② 电动汽车能源消耗10kWh/百公里，约12元；其他电动代步车电耗更低；

③ 零排放，噪声小。

不足：

① 充电时间长，续航能力差；

② 法规不健全。

5.1.3 款款暖心——电采暖

对生活在秦淮以北地区的民众来说，冬季采暖一直是生活中的痛点。散烧煤、秸秆、柴草这些传统的采暖燃料已然成了雾霾的代名词，为改善这种局面，各地政府纷纷出台优惠政策，鼓励居民用清洁能源替代传统燃料自采暖。

从北京市统计局2017年发布的《北京市居民煤改清洁能源调研报告》可以看出，如按折合成采暖需要燃烧的标准煤用量评价，与天然气相比，采用电替代的效果无论是节能性，还是减少污染物排放都更好些。

电采暖的主要优点是：

①可控性强，可实现分户、分室控制，操作方便；

②供暖舒适性好；

③能源利用率高；

④利用低谷电加热、蓄热，能有效减少电费开支。

下面就来看看各种采暖类型的特点和适用范围吧。

1. 碳晶电暖气（碳纤维电暖气）

适用范围：不需要连续供暖的家庭。

优点：

① 即开即热，远红外辐射，3min 可达到 70℃，无噪声，可温控；

② 款式多样，落地式移动方便，壁挂式无需破坏原有室内装饰。

建议：

若需要 24h 不间断供暖，有条件的住户可安装分布式光伏电源。

经济性分析：

项　　目	购置费用	120 天低谷时段连续运行费用	非连续运行费用
碳晶取暖器 (1.6kW×3)	2400 元	1728 元	——
成本	30 元 /m^2	21.6 元 /m^2	4.4 元 /h
注：按 80m^2/ 户，谷时段 10h，采暖季 120 天，峰电价 0.55 元 /kWh，谷电价 0.3 元 /kWh 计算；未考虑各地方的设备购置补贴和运行补贴。			

2. 电热膜取暖器

电热膜是一种通电后能发热的半透明聚酯薄膜，由可导电的特制油墨、金属载流条经印刷、热压在两层绝缘聚酯薄膜间制成。工作时以电热膜为发热体，将热量以辐射的形式送入空间。可以敷设在地板下，以地暖形式供热；或制作成分立式取暖器。

适用范围：白天基本外出或上班族家庭。

特点：

① 升温快，无污染；

② 电热转换效率高；

③ 温控、加湿，温度调节方便；

④ 运行稳定，无噪音，安全可靠。

建议：

若需要 24h 不间断供暖，有条件的住户可安装分布式光伏电源。

经济性分析：

项　　目	购置费用	120 天低谷时段连续运行费用	非连续运行费用
电热膜取暖器 (1.8kW×3)	1000 元	1944 元	——
成本	12.5 元 /m²	24.3 元 /m²	4.4 元 /h
注：按 80m²/ 户，谷时段 10h，采暖季 120 天，峰电价 0.55 元 /kWh，谷电价 0.3 元 /kWh 计算；未考虑各地方的设备购置补贴和运行补贴。			

3. 蓄热式电暖气

蓄热式电暖器利用低谷电加热磁性蓄热砖，并用耐高温、低导热的保温材料将贮存的热量保存住；在非低谷电期间加热元件停止工作，按照取暖人的意愿调节释放速度，慢慢地将贮存的热量释放出来，实现全天稳定供暖。

适用范围：实行峰谷电价，需要全天供暖的家庭。

特点：

① 低谷用电，省钱节能，无噪音，无污染；

② 安装简单，全天供暖，调整灵活；

③ 运行安全可靠，免维护。

缺点：功率较大需专用供电线路。

经济性分析：

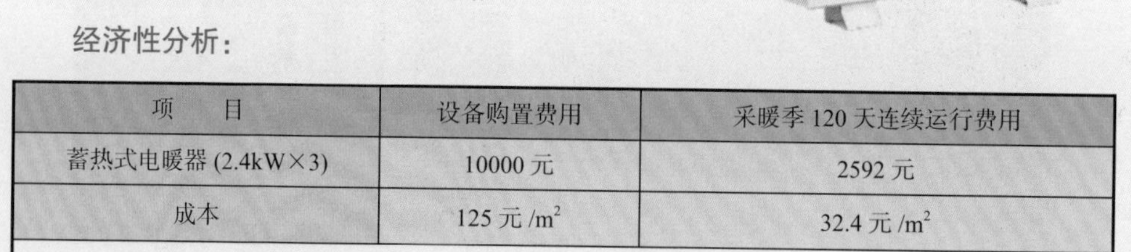

项　　目	设备购置费用	采暖季 120 天连续运行费用
蓄热式电暖器 (2.4kW×3)	10000 元	2592 元
成本	125 元 /m²	32.4 元 /m²
注：按 80m²/ 户，谷时段 10h，采暖季 120 天，谷电价 0.3 元 /kWh 计算；未考虑各地方的设备购置补贴和运行补贴；蓄热量可以连续释放 15h。		

4. 空气源热泵供暖

传统的燃煤锅炉、燃气锅炉是通过煤炭、天然气燃烧获得热能，产生热蒸汽供暖；电锅炉是利用电热棒将电能转化为热能，然后产生热蒸汽供暖；而空气源热泵方案［见图 5-3（a)］则是通过吸收空气中的低品位热量，将其用压缩机压缩后，转化为高品位热能，通过热交换提高水温实现供暖的。空气源热泵可以吸收相当于其所消耗电能 3 倍以上的热能加热水，这项技术不仅免除了使用燃煤、燃油等产生的污染、排放；而且若与直热式电采暖相比，可省电 66% 以上，是一个节能环保的采暖方案。

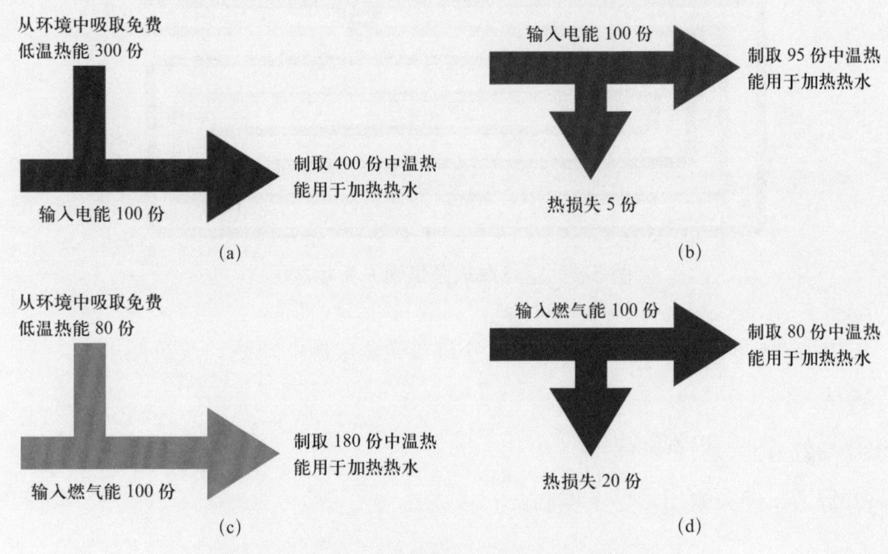

图 5-3　几种不同供暖热水制取方式的能效比较

(a) 电动空气源热泵；(b) 电锅炉；(c) 燃气热泵；(d) 燃气锅炉

图 5-4 是几种供暖热水制取方式的能效比较示意图，其中，电空气源热泵方案的效率最高。

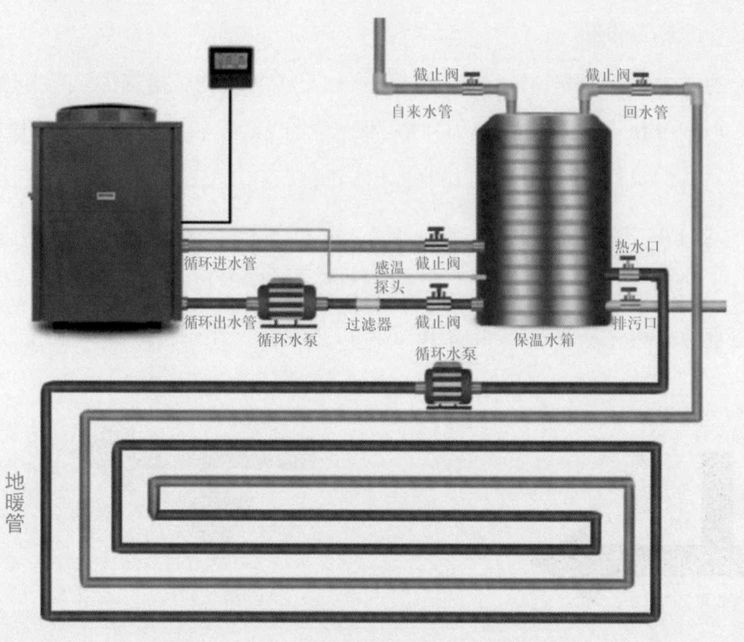

图 5-4　空气源热泵供暖方案示意图

适用范围：面积较大特别是安装有分布式光伏电源的家庭、建筑使用。

特点：

① 高效节能、安全环保；

② 舒适，经久耐用，易于控制。

缺点：

① 需要有安装户外机 + 水箱的场地；

② 不能做到即开即热，初次升温需要一定时间；

③ 环境温度低于 −5℃的地区需要增加电辅助加热系统或者采用具有强效制热效果的技术，节能效果下降，设备成本相应提高。

建议：

① 建议选择口碑好的整机专业品牌，同时还应考虑压缩机技术的背景和实力；

② 3P 主机供暖 $70m^2$；5P 机供暖 $120m^2$；10P 机供暖 $200m^2$；

③ 配置光伏电源，免用峰电，最大限度地发挥该方案的经济、合理性。

经济性分析：

项　　目	购置费用	120 天低谷时段连续运行费用	非连续运行费用
空气源热泵 (3kW)	9000 元	750 元	——
成本	113 元 /m^2	9.5 元 /m^2	1.65 元 /h
注：按 80m^2/ 户，谷时段 10h，采暖季 120 天，峰电价 0.55 元 /kWh，谷电价 0.3 元 /kWh 计算；未考虑各地方的设备购置补贴和运行补贴，未考虑设备具备变频功能。			

作为空气源热泵供暖方案的延伸，还可以获得几种性价比非常好的应用：

① 空气源热泵供暖 + 生活热水 + 空调：实现供暖、制冷、生活热水一机三用（见图 5-5）；

② 空气源热泵供暖 + 空调：采暖季供暖，夏季制冷提供空调（见图 5-6）；

③ 空气源热泵供暖 + 生活热水：供暖 + 生活洗浴、厨房用热水（见图 5-7）。

图 5-5　空气源热泵供暖 + 空调 + 生活热水三联供方案示意图

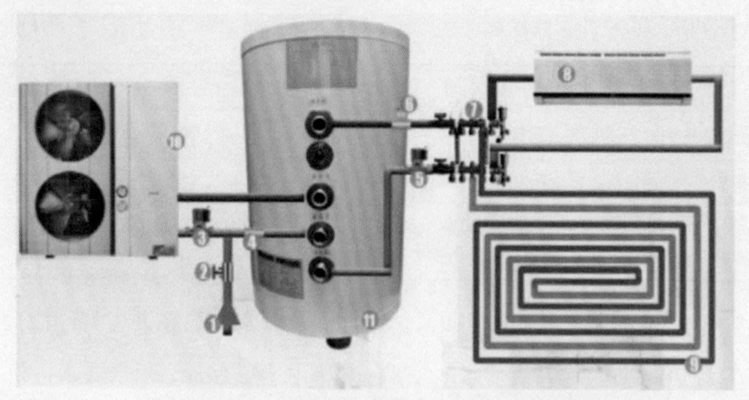

图 5-6　空气源热泵供暖 + 空调方案示意图

①自来水进；②阀门开关；③循环泵；④过滤器；⑤屏蔽泵；⑥自动排气阀；
⑦分水器；⑧风机盘管；⑨地暖水管；⑩主机；⑪水箱

5.1.4　空气源热泵热水器

"上面介绍的空气源热泵技术，不同于以往的加热理念，它从免费的空气中获取低品位热能，电只负责驱动压缩机，提升热能的品位。图 5-7 是另一种应用，大家看看有什么发现？"小张工程师如是说道。

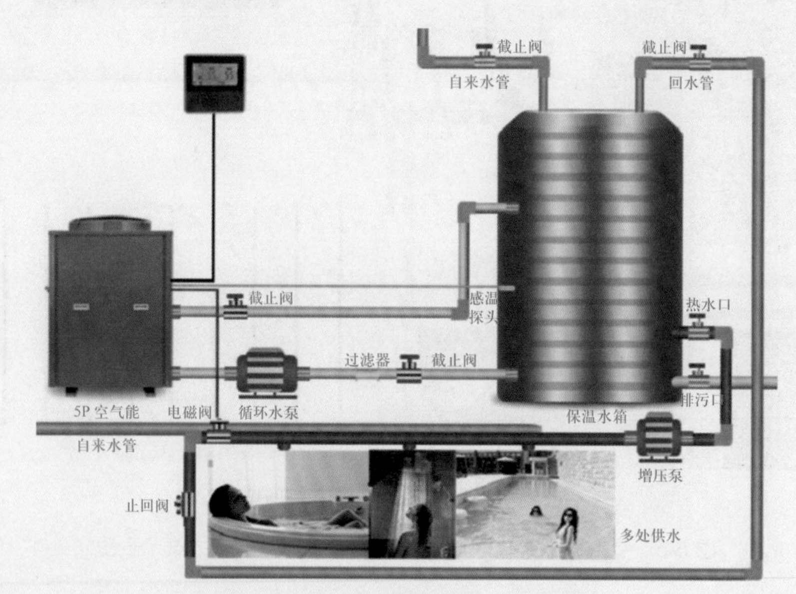

图 5-7　空气源热泵热水器方案示意图

小王仔细地观察了一下后说："它与图 5-4 非常相似，只是水箱的热水口没有与封闭的供暖管线连接，而是在浴室、厨房、洗漱间等处增加了热水和自来水的出水口，同时把热水管上的循环泵换成了增压泵。"

"完全正确。"小张工程师补充说道："其实，现实生活中如果只需要提供生活热水，那么采用图 5-7 的方案就可以；但如果将它稍微提升一下，就可以采暖并获得生活热水了，花钱不多，但却能获得极佳的性价比。"

5.1.5 电热水器

电热水器的发展经历了多个阶段，如图 5-8 所示。家庭生活热水解决方案还有很多，如：储水式、快热式和即热式热水器。从能效水平看，电热水器的热效率可达 95%，燃气热水器的热效率为 85% 左右。

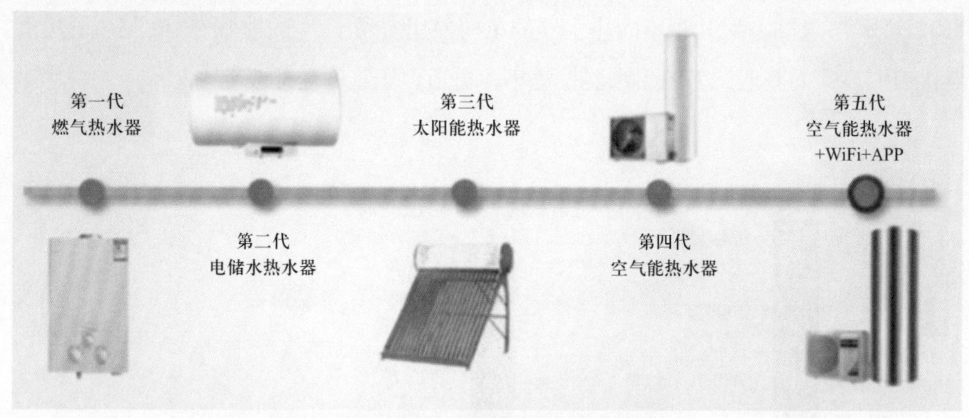

图 5-8 热水器的发展阶段

1. 储水式热水器

安装简单、使用方便，需要一定容量的保温水箱；在实行峰谷电价的地区可节约电费支出。这类产品的安全性、结垢、排污、防锈蚀等性能以及安装墙体的承重能力需要特别关注。

2. 快热式热水器

水温可调（<50℃）、水电隔离、3s 出热水免储水、超温保护、省水省电；备有淋浴款。

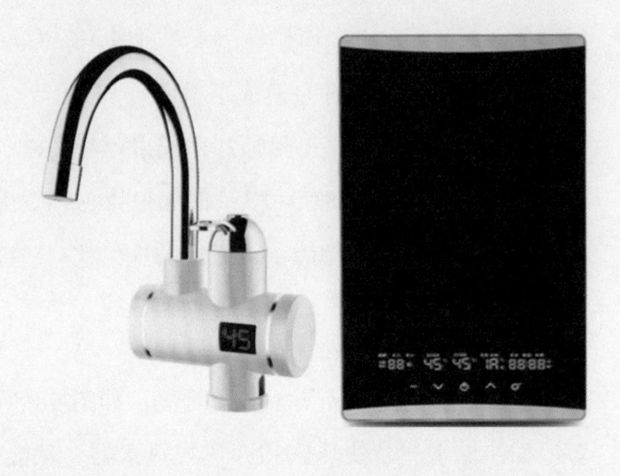

3. 即热式热水器

用于洗浴。2s 出热水，即开即热免储水、水温可调（25~65℃）、水电隔离、智能恒温、出水量大、变频节能、省水、不结垢、体积小、寿命长、安装使用简单。

按照一个普通 4 口之家洗浴用水的情况（自来水从 15℃加热到 55℃，每次消耗 150L 热水），图 5-9 对几种不同热水器的单次使用费做了一个比较，空气源热泵热水器优势明显；而其他类型的热水器投资小，更适合于家庭局部改造。

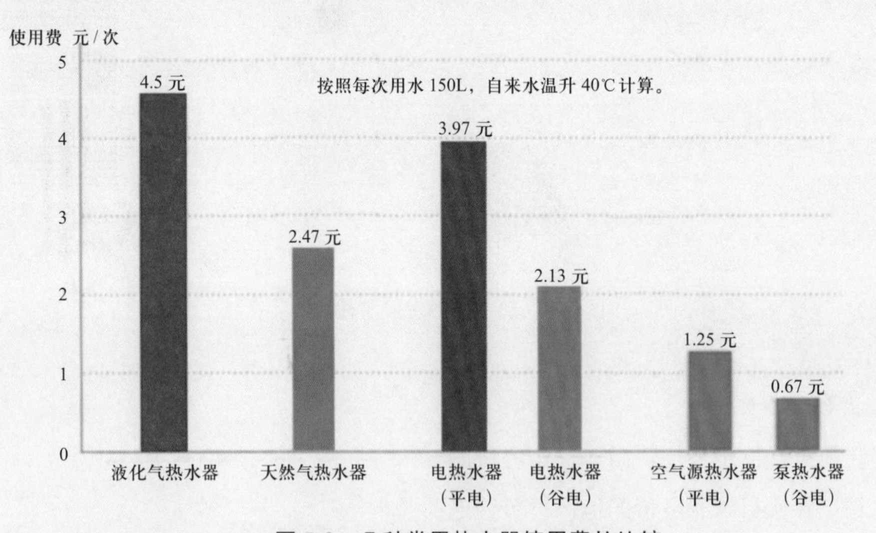

图 5-9　几种常用热水器使用费的比较

注：1. 浙江省能源单价液化气 7 元 /kg；天然气 3 元 /m^3；谷电价 0.288 元 /kWh；平电价 0.538 元 /kWh。

2. 液化气 11000 大卡 /kg；天然气 8600 大卡 /m^3；电 860 大卡 /kWh。

5.1.6 电炊具

电炊具按加热方式可分为电磁式和直热式两类。电磁加热炊具主要包括电磁炉、微波炉等；直热式电炊具主要包括电陶炉、电烧烤炉、电水壶、电饭煲等。

从能效水平看，电炊具的热效率可达 90% 以上，燃气灶是 55% 左右；不同工作原理的电炊具可以满足食品的不同加热要求，且功能丰富、安全可靠，是煤火炉、燃气灶无法比拟的；如果能合理利用低谷时段进行加工，那么实际发生的费用会更实惠。

1. 电磁炉

利用交变电流通过线圈产生交变磁场；处于交变磁场中的导体内部会产生涡旋电流，涡旋电流的热效应使导体升温，实现加热；适用于铁质平底锅。

可替代煤火炉、燃气灶进行煮、蒸、熬、涮之类的食物加工。

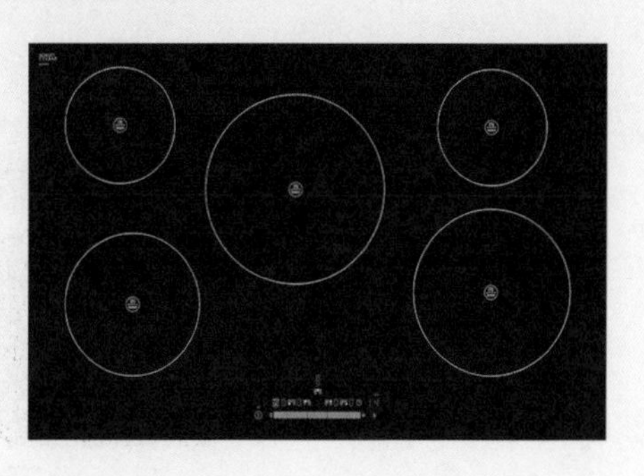

特点：

- 功率可调，热效率高；
- 有儿童安全锁，余温指示，安全可靠；
- 清洁干净，无污染；
- 使用、控制便捷。

2. 电陶炉

采用红外线发热技术原理，电流通过炉盘的镍铬丝发热并产生热量，在产生热量的同时发出红外线；适用于各种耐高温材质的平底锅。

可替代煤火炉、燃气灶进行食物的炒、煎、炸、煮、蒸、熬、涮、煲加工。

特点：

① 自动恒温，变频节能；

② 加热快，温度可达 700℃ ；

③ 发热面可调。

3. 微波炉

一种用微波快速加热食品的烹调炊具；其加热原理是：当微波辐射到含有一定水分的食物上时，因水中的极性分子随微波场运动使水的温度升高，从而加热食品。

用微波炉加热食品，因其内部会同时加热，所以升温速度很快。可用于替代煤火炉、燃气灶加热食品。注意，一定要使用微波炉专用容器盛放食物。

5.2 节电原则

5.2.1 选用节能产品

我国《中国节能产品认证管理办法》规定，只有通过国家相关权威机构的节能认证，才能在产品宣传时冠以“节能”字样，粘贴中国节能认证标志（见图 5-10）。日常生活中，居民要尽量选用有节能标志的产品。

图 5-10　中国节能认证标志

按照我国《能源效率标识管理办法》的规定，市场销售的空调、电冰箱等数十款电器都必须粘贴“中国能效标识”。我国的能效标识分五个等级，如图 5-11 所示。在采购电器时，应尽量选用高能效比的电器产品。

(a)

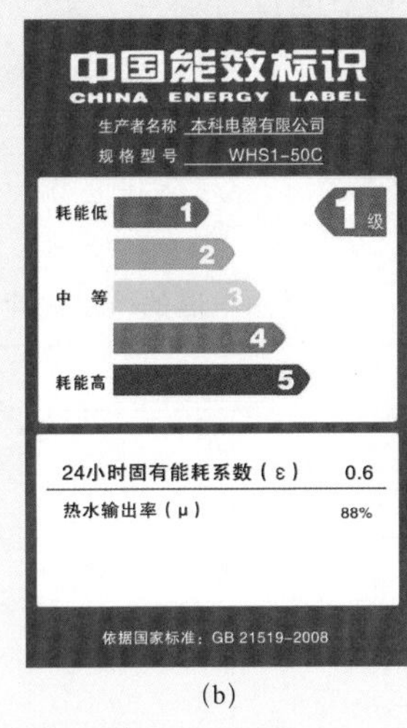

(b)

1—节电已达到国际先进水平

2—比较节电

3—能效为市场的平均水平

4—能效低于市场平均水平

5—市场准入指标

图 5-11　中国能效标识

(a) 新版；(b) 老版

5.2.2　使用分位开关

家用电器，包括电视、冰箱、洗衣机、音响、录音机、吸尘器、空调、电风扇、电吹风、浴霸等，并且随着这些传统的家用电器的性能、规格进一步升级，应用更加普遍外，品种繁多的各类电器也纷纷步入寻常人家。

简单地说，凡是具有遥控、预置功能的电器，只要没有切断电源供应，它的待机功能就要消耗一定的电力。日常生活中，可以通过使用具有分位开关的插座（见图 5-12），或者直接将电器从插座中拔下，那么这些电力消耗完全可以节约下来。还有一些并非全天都使用的电器，如电热水器、路由器、调制解调器、电热毯等，建议在不使用时也将其从插座中拔下，或用分位插座中断其供电。

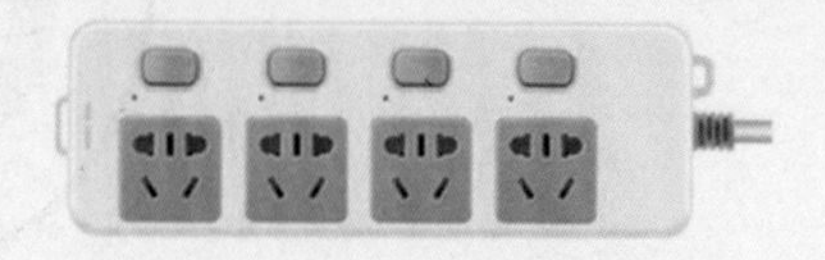

图 5-12　带分位开关的电源插座

5.2.3　合理使用低谷电

对于实行分时电价的用户，建议在低谷时段使用电取暖器、电热水器、洗碗机、烘干机、电动车充电等设备，尽管用电量不会少，但可以节约自家的电费，而且有益于电网的经济运行，也是一种节能行为哦。

知识链接

常用电器的待机功耗

电器设备（台）	待机功率（W）	每月耗电量（kWh）
电视机	0.65	0.5
电视机机顶盒	6.6	4.3
台式电脑	3.5	2.5
笔记本电脑	2.4	1.7
路由器	2.4	1.7
洗衣机	0.4	0.3
壁挂式空调	1.2	0.9
手机充电器	2.1	1.5
电饭锅	2.5	1.8
抽油烟机	2.2	1.6

5.3 家用电器节电窍门

5.3.1 家庭照明

家庭各场所、房间因功能不一样，对其明亮程度的要求也就不一样。用高品质的节能灯代替白炽灯不仅可以获得更好的照明效果，还能节电。例如一只 11W 节能灯的照明效果与 60W 的白炽灯相当，可节电 78% 左右。

另外，为了兼顾使用和节电，家庭照明还应注意：

（1）灯的安装高度要合适：如 20W 的日光灯，装 1m 高，照度是 60lx；如果是 0.8m 高，其照度可达 93lx。

（2）尽量做到一灯一开关。

（3）门头灯可安装触摸型延时灯或声控灯，这样可以随手关灯以及人来开灯、人走熄灯；床头宜用变光灯，人们可根据需要调节光照效果，以达到节电目的。

（4）需要注意的是，在开启频繁的场合，节能灯不仅其节能效果打折扣，而且也会降低其使用寿命，这种场合可选用 LED 灯。

（5）与节能灯相比，LED 灯的节能率可达 30%~60%。LED 灯实质上就是电致发光的半导体芯片，属于点光源，灯体小巧，灯的封装可以按需加工成各种形状，家用的常见的有球泡灯、直管灯、环状灯、平板灯等。

（6）灯罩应清洁，确保反射或透光效果。

5.3.2 空调

1. 空调的选择与安装

（1）优先选择高能效产品（见图 5-11）。

（2）冷热量的配置，这是购买空调的关键问题。对窗门密闭性较好的住宅，每平方米设计制冷量 180W 左右，制热量 250W 左右就可以。例如，一间 $20m^2$ 房间用的空调，选用 3600W 的制冷量，5000W 的制热量即可满足需要。参照供应商空调样本中的制冷（热）量数据，对照一看，就清楚应该选择哪款空调了。

（3）直流变频空调降低了定频空调压缩机频繁启停造成的冲击电流，在舒适性与节能方面优于定频空调。

（4）由于冷气往下，热气往上的原理，空调室内机的安装位置宜高不宜低。

（5）冷气设定温度每提高 1℃可省电 6% 左右。适当调高制冷温度，再配合使用电风扇，在人体感觉更舒爽的同时，耗电量不增反降。

（6）如果房间是东西向的窗户，建议装设百叶窗或窗帘，以减少太阳辐射热进入室内，降低冷气用电量。冷气房内应避免使用高热负载用具，如熨斗、火锅、炊具等。冷气运转中应关妥门窗，尽量减少进出房间的次数。

2. 空调的使用与保养

（1）很多人认为空调遥控器的温度设定的越低，空调制冷就越快，这是不对的。空调在出厂时，其出风口温度一般设定在 10~14℃，用户无法调整。遥控器调整的是室内温度，当空调运行到设定温度时会自动停止制冷，达到控制、调整室内温度的目的。

（2）影响人体感觉的因素除去温度外，还有湿度。制冷季节通常大气湿度高，适当使用除湿功能，既可以改善舒适度，室内又不至于过凉，同时还可以节电。

（3）室内机应经常清洁滤网，不仅有益于室内空气质量，也有益于节电。

（4）户外机散热器应定期清洁，否则影响散热、制冷效果。

（5）空调连接管的保温层饱受风吹日晒，若出现老化、破损现象，应及时更换，否则会降低制冷效果，浪费电能。

5.3.3 电视机

（1）选择尺寸适宜的产品。

（2）电视机应离开墙壁 10cm 以上，以利散热。

（3）说明书上标示的功率为音量与亮度调到最大时的值，所以适当调低电视的亮度和音量不仅可节电，还有益视听健康。

（4）若长时间不看电视，建议切断电源，可节约 6~8W 的待机功耗。

5.3.4 洗衣机

洗衣机的种类很多，有些还带有烘干功能；洗衣机节能可参考下述措施：

（1）选购节能、节水型洗衣机；根据家庭人口合理选取洗衣机的容量及主要功能。

（2）根据待洗衣物种类以及脏污程度选择合适的洗衣程序。

（3）最好能攒足待洗衣物，并浸泡 20min 左右后再进入洗涤程序。

（4）不要过量使用洗涤剂，以免浪费水、电。

（5）晴好天气，免用烘干功能，甩干脱水时间适当减少，让衣物自然晾干。

5.3.5 电冰箱

（1）冰箱内不同储物区的温度设定应与储存物品相匹配。

（2）随季节变化，箱内温度可适当调整。

（3）要及时除霜，否则影响制冷效果。

（4）储存物品不宜过满，有利于冷空气对流。

（5）热的食品应冷却到室温后再放入冰箱，避免无谓耗电。

（6）尽量减少开门次数，冰箱门每开 1min，压缩机需要工作 5min 才能恢复箱内原来的温度状态。

5.3.6 热水器

有条件的家庭建议安装太阳能热水器。另外，随着技术进步，适宜家庭使用的热水器种类也越来越多，主要有：

（1）储水式电热水器要选择保温良好的机型；加热棒、储水槽应便于清洗、除垢，避免影响电加热效率；水温设定一般在 50℃左右，夏天可低些，冬季适当调高。

（2）需要大容量（>100L）热水的家庭，可以选择空气源热泵热水器；该类热水器利用热泵技术将空气中的热能加以收集、利用，电仅用于驱动热泵工作和辅助加热，所以比传统的储水式电热水器节能。

（3）即热式电热水器无需预热、储热，比储水式省电、省水；即热式电热水器直接安装在水龙头附近，管线短、热损少，比较省电。

5.3.7 计算机

（1）在电源管理中合理设置等待、休眠时间，减少计算机等待时间的电耗；不宜 24h 不关机。

（2）如果只听音乐，可以将显示器亮度调到最暗或者关闭。

（3）注意经常清洁、保养机器，防潮、防尘。

5.3.8 其他家用电器的节能

家用电器的种类很多，只要我们用心，就能够在使用中寻找到节能办法。另外，如果能结合分时电价，将一些习以为常的用电方式做些适当调整，那么就不仅能节约用电，还可以减少电费支出。

1. 微波炉

微波炉适合食物的加温和解冻，参考微波食谱制作省电效果好。密封食物应开启后再放入微波炉加热。烹调食物前，可先在食物表面喷洒少许水分以提高微波炉的效率，节省用电。

2. 电饭锅

米饭烹煮时可先浸泡 30min，再通电加热以缩短煮熟时间。开关跳开后再闷 15min 再打开锅盖，米饭较香。食物保温时间不要超过 12h。

3. 电磁炉

电磁炉的通风口应离开墙壁 15cm 以上且不要将异物放进吸气或排气口里。不用时请立即关掉电源，以节省电力。

4. 电熨斗

配合衣料调整合适温度，适时使用蒸汽熨烫。连续熨烫用完即切电，避免一次只烫一、二件或让熨斗闲置加热。

5. 吹风机

洗头发后，建议用毛巾将头发基本擦干后再使用吹风机，尽量避免在开了空调的房间内使用热风吹发，以减少无谓的电耗；另外，应保障吹风机进、出风口的清洁，避免异物掉入。

6. 吸尘器

先整理房间再使用吸尘器，可以减少吸尘器使用时间。使用时依地面 (地毯或地砖) 情况、尘量多少调整风量强弱，并配合适用的吸嘴；集尘滤袋应勤清洗或更换。

附　录

电能表发展历程

第 1 阶段　从安时计到弗拉里表

爱迪生

1880 年　美国人爱迪生利用电解原理制成了直流电能表（即安时计）。

1885 年　交流电被发现并开始应用，交流电能表应运而生。

1888 年　意大利物理学家弗拉里提出利用旋转磁场的原理来测量电能量。因此，交流感应式电能表又称作弗拉里表。

1889 年　德国人布勒泰制作出世界上第一块感应式电能表，此表总质量为 36.5kg，没有单独的电流铁芯，电压铁芯重 6kg。

第 2 阶段　从感应式电能表到电子式电能表

1890 年　带电流铁芯的电能表诞生。

进入 20 世纪　科学家努力使感应式电能表缩小体积、改善工作性能。

20 世纪初　高导磁材料出现，极大减轻了电能表的质量，并缩小了体积。每只表的质量降到 1.5~2 kg。

20 世纪 30 年代　电能表以铬钢、铝镍合金替代最初的钨铜，并通过降低电能表转盘转速来降低损耗，改善了电能表的负荷特性。此时，电能表寿命可达 15~30 年。至此，感应式电能表在电能计量中得到了广泛应用。

20 世纪 60 年代末　日本人衫山桌发明了时分割乘法器，并提出功率测量原理，实现了全电子化电能计量装置。

民国时期，南京颐和路洋房使用的电能表。

1949 年使用的电能表。

1982 年，单相电能表。

1996 年，电卡电能表。

第3阶段　智能电能表时代

随着时代发展，作为智能电网建设和智能用电最基础的单元——智能电能表出现，它除具有电能计量、信息交互等功能外，还支持双向计量、阶梯电价等需要，也是实现分布式电源计量、智能家居、智能小区的技术基础。